設計技術シリーズ

Renewable energy

再生可能エネルギーにおけるコンバータ原理と設計法

[監修] 合田 忠弘（同志社大学）　庄山 正仁（九州大学）

科学情報出版株式会社

著者一覧

安芸　裕久	産業技術総合研究所
伊瀬　敏史	大阪大学
市川　紀充	工学院大学
江口　政樹	シャープ(株)
大村　一郎	九州工業大学
門　勇一	京都工芸繊維大学
栗原　郁夫	電力中央研究所
合田　忠弘	同志社大学
河野　良之	三菱電機(株)
小西　博雄	産業技術総合研究所
佐藤　之彦	千葉大学
庄山　正仁	九州大学
新保　哲彦	(株)ハセテック
高崎　昌洋	元東京理科大学
附田　正則	北九州市環境エレクトロニクス研究所
天満　耕司	三菱電機（株）
西方　正司	東京電機大学
廣瀬　圭一	(株)NTTファシリティーズ
藤田　敬喜	三菱電機(株)
舟木　剛	大阪大学
松田　秀雄	元（株)ハセテック
水垣　桂子	産業技術総合研究所
諸住　哲	新エネルギー・産業技術総合開発機構

目　　次

第Ⅰ編　再生可能エネルギー導入の背景

第1章　再生可能エネルギーの導入計画

1．近年のエネルギー事情 ･･･3
　1.1　エネルギー消費と資源の逼迫 ･････････････････････････3
　1.2　地球環境問題とトリレンマ問題 ･･･････････････････････3
　1.3　循環型社会の構築 ･････････････････････････････････････4
2．再生可能エネルギーの導入とコンバータ技術 ･････････････････5
　2.1　再生可能エネルギーの導入計画 ･･･････････････････････5
　2.2　コンバータ技術の重要性 ･･･････････････････････････････6

第2章　再生可能エネルギーの種類と系統連系

1．再生可能エネルギーの種類とその概要 ･･･････････････････････7
　1.1　再生可能エネルギーの種類と背景 ･････････････････････7
　1.2　コージェネレーション（CGS：Cogeneration System）･････････9
　1.3　太陽光発電 ･･･10
　1.4　風力発電 ･･･11
　1.5　バイオマス発電 ･･･････････････････････････････････････12
　1.6　燃料電池 ･･･14
　1.7　電力貯蔵装置 ･･･15
2．分散型電源の系統連系 ･･･････････････････････････････････････16
　2.1　分散型電源の系統連系要件の概要 ･････････････････････16
　2.2　系統連系の区分 ･･･････････････････････････････････････16
　2.3　発電設備の電気方式 ･････････････････････････････････17
　2.4　系統連系保護の原則 ･････････････････････････････････17

*目次

第3章　各種エネルギーシステム

1．太陽光発電 …………………………………………… 21
2．風力発電 ……………………………………………… 24
3．太陽熱利用 …………………………………………… 28
　3．1　トラフ型 ………………………………………… 28
　3．2　フレネル型 ……………………………………… 28
　3．3　タワー型 ………………………………………… 28
　3．4　ディッシュ型 …………………………………… 29
4．水力発電 ……………………………………………… 30
5．燃料電池 ……………………………………………… 31
　5．1　燃料電池の原理 ………………………………… 31
　5．2　燃料電池の用途と種類 ………………………… 33
　　5．2．1　概要 ……………………………………… 33
　　5．2．2　固体高分子形燃料電池 (PEFC) ………… 34
　　5．2．3　リン酸形燃料電池 (PAFC) ……………… 37
　　5．2．4　固体酸化物形燃料電池 (SOFC) ………… 37
　　5．2．5　溶融炭酸塩形燃料電池 (MCFC) ………… 39
6．蓄電池 ………………………………………………… 39
　6．1　揚水発電 ………………………………………… 40
　6．2　蓄電池 …………………………………………… 40
　　6．2．1　鉛蓄電池 ………………………………… 40
　　6．2．2　NAS電池 ………………………………… 40
　　6．2．3　レドックス・フロー電池 ……………… 42
　　6．2．4　亜鉛臭素電池 …………………………… 42
　　6．2．5　ニッケル水素電池 ……………………… 43
　　6．2．6　リチウム二次電池 ……………………… 43
7．海洋エネルギー ……………………………………… 44
　7．1　海洋温度差発電 ………………………………… 44
　7．2　波力発電 ………………………………………… 44

8．地熱 ･･ 45
　8．1　地熱発電の概要 ･････････････････････････････････ 45
　　8．1．1　地熱発電の３要素　･････････････････････････ 45
　　8．1．2　地熱発電所の概要･･･････････････････････････ 46
　　8．1．3　地熱発電の種類　･･･････････････････････････ 46
　8．2　地熱発電の特徴と課題 ･････････････････････････ 49
　8．3　地熱発電の現状と動向 ･････････････････････････ 50
　　8．3．1　発電所の現状と地下資源量 ･････････････････ 50
　　8．3．2　地熱発電の歴史と動向･･･････････････････････ 52
　8．4　地中熱･･ 52
9．バイオマス ･･･････････････････････････････････････ 54

*目次

第Ⅱ編　要素技術

第1章　電力用半導体とその開発動向

1．電力用半導体の歴史 ……………………………………… 59
2．IGBTの高性能化 ………………………………………… 61
3．スーパージャンクションMOSFET …………………… 65
4．ワイドバンドギャップパワー素子 ……………………… 66
5．パワー素子のロードマップ ……………………………… 67

第2章　パワーエレクトロニクス回路

1．はじめに …………………………………………………… 69
2．再生可能エネルギー利用におけるパワーエレクトロニクス回路 …… 70
3．昇圧チョッパの原理と機能 ……………………………… 70
4．インバータの原理と機能 ………………………………… 73
　4.1　電圧形インバータの動作原理 ……………………… 73
　4.2　電圧形インバータによる系統連系の原理 ………… 77
　4.3　電圧形インバータによる交流発電機の制御 ……… 79

第3章　交流バスと直流バス（低圧直流配電）

1．序論 ………………………………………………………… 81
2．交流配電方式 ……………………………………………… 81
　2.1　配電電圧・電気方式 ………………………………… 82
　　2.1.1　配電線路の電圧と配電方式 …………………… 82
　　2.1.2　電圧降下 ………………………………………… 83
3．直流配電方式 ……………………………………………… 86
　3.1　直流送電 ……………………………………………… 86
　3.2　直流配電（給電） …………………………………… 87

3.3	直流配電（給電）による電圧降下	87
3.4	直流配電（給電）の利用拡大	89
	3.4.1　直流方式の歴史と現在における直流応用	90
	3.4.2　今日における直流応用	93
	3.4.3　電気通信事業における直流給電	93
4. 直流給電の最新動向		95
4.1	負荷容量の増大と高電圧化	95
4.2	海外における通信用380Vdc給電方式の運用例	97
4.3	マイクログリッドにおける直流応用	99
5. 直流システムにおける課題・留意事項		100
5.1	直流過電流保護と保護協調	100
5.2	直流アーク保護	101
5.3	定電力負荷特性による不安定現象	101
5.4	接地と感電保護	102
5.5	その他の課題	102
6. 国際標準化の動向		103
6.1	直流電圧規格の区分	104
	6.1.1　IEC規格などにおける直流電圧の定義	105
	6.1.2　日本国内における直流電圧の定義	105
	6.1.3　米国内における直流電圧の定義	106
6.2	直流と安全性の関連について	106
6.3	制定・運用されている国際標準の一例	107
	6.3.1　電気通信分野	107
	6.3.2　情報システム分野	108
6.4	標準化機関、および関連団体における活動状況	109
	6.4.1　IECにおける活動	109
	6.4.2　ITUおよびETSIでの活動	110
	6.4.3　その他の国際標準化動向	111
7. まとめ		111

第4章　電力制御

1. MPPT制御 ……………………………………………………… 115
   1.1　山登り法 ………………………………………………… 116
   1.2　電圧追従法 ……………………………………………… 117
   1.3　その他のMPPT制御法 ………………………………… 117
   1.4　部分影のある場合のMPPT制御 ……………………… 119
   1.5　MPPT制御の課題 ……………………………………… 119
2. 双方向通信制御 ………………………………………………… 124
   2.1　はじめに ………………………………………………… 124
   2.2　自律分散協調型の電力網「エネルギーインターネット」…… 125
   2.3　自律分散協調型電力網の制御システム ……………… 129
   2.4　自律分散協調制御システム階層と制御所要時間 …… 132

第5章　安定化制御と低ノイズ化技術

1. 系統安定化 ……………………………………………………… 137
   1.1　系統連系される分散電源のインバータの制御方式 ………… 137
   1.2　自立運転 ………………………………………………… 138
   1.3　仮想同期発電機 ………………………………………… 140
2. 低ノイズ化技術 ………………………………………………… 146
   2.1　パワーエレクトロニクス回路と高周波スイッチング ……… 146
   2.2　スイッチングノイズの発生機構 ……………………… 147
   2.3　従来の低ノイズ化技術 ………………………………… 151
   2.4　ソフトスイッチングによる低ノイズ化技術 ………… 154
   2.5　ノイズ電流相殺による低ノイズ化技術 ……………… 157
   2.6　まとめ …………………………………………………… 162

第Ⅲ編　応用事例

第1章　電力向けの適用事例

1. 次世代電力系統：スマートグリッド ･････････････････････････167
   1.1　スマートグリッドの概念 ･････････････････････････････167
   1.2　スマートグリッドの狙いとそのベネフィット ･････････････168
   1.3　スマートグリッドの主要構成要素 ･･･････････････････････169
      1.3.1　スマートメータ ･･･････････････････････････････170
      1.3.2　HEMS、BEMS／スマートハウス、スマートビルディング･･171
      1.3.3　分散型電源(再生可能エネルギー発電) ･････････････171
      1.3.4　センサとICT ･････････････････････････････････173
         1.3.4.1　センサ・制御装置およびセンサネットワーク化 ････173
         1.3.4.2　通信ネットワークおよび通信プロトコル ･････････175
         1.3.4.3　情報処理技術ほか ･････････････････････････175
   1.4　スマートグリッドからスマートコミュニティへ ･････････････176
2. 直流送電 ･･･176
   2.1　他励式直流送電 ･････････････････････････････････････177
      2.1.1　他励式直流送電システムの構成 ･･･････････････････177
      2.1.2　他励式直流送電システムの運転・制御 ･･･････････････179
      2.1.3　直流送電の適用メリット ･･･････････････････････181
      2.1.4　他励式直流送電の適用事例 ･････････････････････181
   2.2　自励式直流送電 ･････････････････････････････････････183
      2.2.1　自励式直流送電システムの構成 ･･･････････････････183
      2.2.2　自励式直流送電システムの運転・制御 ･･･････････････187
      2.2.3　自励式直流送電の適用メリット ･･･････････････････188
      2.2.4　自励式直流送電の適用事例 ･････････････････････189
3. FACTS ･･･191
   3.1　FACTSの種類 ･････････････････････････････････････191
   3.2　FACTS制御 ･･･････････････････････････････････････193

- 3.3　系統適用時の設計手法 ………………………………… 193
- 3.4　電圧変動対策 …………………………………………… 195
- 3.5　定態安定度対策 ………………………………………… 196
- 3.6　電圧安定性対策 ………………………………………… 198
- 3.7　過渡安定度対策 ………………………………………… 201
- 3.8　過電圧抑制対策 ………………………………………… 202
- 3.9　同期外れ対策 …………………………………………… 204
- 4．配電系統用パワエレ機器 …………………………………… 205
  - 4.1　SVC ……………………………………………………… 205
    - 4.1.1　回路構成と動作特性 ……………………………… 205
    - 4.1.2　配電系統への適用 ………………………………… 208
  - 4.2　STATCOM ……………………………………………… 210
    - 4.2.1　回路構成と動作特性 ……………………………… 210
    - 4.2.2　配電系統への適用 ………………………………… 211
  - 4.3　DVR ……………………………………………………… 216
  - 4.4　ループコントローラ …………………………………… 217
  - 4.5　UPS ……………………………………………………… 218
    - 4.5.1　常時インバータ給電方式 ………………………… 218
    - 4.5.2　常時商用給電方式 ………………………………… 219
- 5．電気鉄道用パワエレ機器 …………………………………… 220
  - 5.1　電気鉄道の給電方式の概要 …………………………… 220
  - 5.2　直流き電方式の応用事例 ……………………………… 221
    - 5.2.1　直流電気車 ………………………………………… 221
    - 5.2.2　直流電力供給設備 ………………………………… 222
    - 5.2.3　余剰回生電力の吸収方法 ………………………… 223
  - 5.3　交流き電方式の応用事例 ……………………………… 228
    - 5.3.1　交流電気車 ………………………………………… 228
    - 5.3.2　交流き電電力供給設備 …………………………… 229

第2章　需要家向けの適用事例

1. スマートハウス ･････････････････････････････････････233
2. スマートビル ･･･････････････････････････････････････242
   - 2.1　はじめに･･･････････････････････････････････････242
   - 2.2　スマートビルにおける障害や災害の原因･････････････244
     - 2.2.1　雷サージ ････････････････････････････････244
     - 2.2.2　電磁誘導 ････････････････････････････････244
     - 2.2.3　静電誘導 ････････････････････････････････246
   - 2.3　スマートビルにおける障害や災害の防止対策･････････248
     - 2.3.1　雷サージ ････････････････････････････････248
     - 2.3.2　電磁誘導 ････････････････････････････････249
     - 2.3.3　静電誘導 ････････････････････････････････249
   - 2.4　まとめ･･･250
3. 電気自動車（EV）用充電器･･････････････････････････251
   - 3.1　はしがき･･･････････････････････････････････････251
   - 3.2　急速充電･･･････････････････････････････････････252
     - 3.2.1　CHAdeMO仕様 ････････････････････････252
     - 3.2.2　急速充電器 ･･････････････････････････････253
   - 3.3　EVバス充電･･･････････････････････････････････255
     - 3.3.1　概要 ････････････････････････････････････256
     - 3.3.2　超急速充電器 ････････････････････････････256
     - 3.3.3　ワイヤレス充電 ･･････････････････････････257
   - 3.4　普通充電･･･････････････････････････････････････257
     - 3.4.1　車載充電器 ･･････････････････････････････258
     - 3.4.2　普通充電器 ･･････････････････････････････258
     - 3.4.3　プラグインハイブリッド車（PHV）充電･･････258
   - 3.5　Vehicle to Home（V2H）･･･････････････････････258
   - 3.6　まとめ･･･258
4. PV用のPCS･･･････････････････････････････････････260

*目次

  4.1 要求される機能と性能 ……………………………………260
  4.2 単相3線式PCS ………………………………………………261
  4.3 PCSの制御・保護回路 ……………………………………265
  4.4 三相3線式PCS ………………………………………………267
  4.5 FRT機能 ………………………………………………………268
  4.6 PCSの高効率化 ……………………………………………269
  4.7 PCSの接地 ……………………………………………………270
  4.8 高周波絶縁方式PCS …………………………………………271
 5．WT用のPCS …………………………………………………………273

第Ⅰ編
再生可能エネルギー導入の背景

第1章 再生可能エネルギーの導入計画

1．近年のエネルギー事情
1．1　エネルギー消費と資源の逼迫

　現在、世界中で消費している一次エネルギーは石油換算で年間約80億トンである。この内、約40％を石油、30％を石炭、20％を天然ガスが占めており、一次エネルギーの90％を化石燃料が占めている。化石燃料の埋蔵量には限りがあり、将来使い果たす時期が来ることは疑いのない事実である。かつ化石燃料を一次エネルギーとして燃焼させてしまうと将来に禍根を残すことにもなりかねない。

　いま最も経済発展が著しく、エネルギー消費量が伸びているのは、中国およびインドなどアジア諸国であり、ここの人口は世界人口の55％を占める。国際エネルギー機関によると、この地域（日本を除く）のエネルギー消費の伸びは年率4.6％でOECD諸国の約4倍、世界平均の2倍強である。今後、アジア諸国のみならず、すべての発展途上国が先進国並みの経済水準を目指すとすると、膨大なエネルギー資源が必要となる。今世紀（21世紀）中頃の世界のエネルギー消費は発展途上国の人口増加と経済発展を背景にすると、控えめに見積もっても現在の2倍以上になると予測されている。仮に採掘可能な化石燃料の埋蔵量が増えても、早晩化石燃料が逼迫するのは目に見えている。

1．2　地球環境問題とトリレンマ問題
　化石燃料への過度の依存は環境負荷を増大させる。すでに、化石燃料

の燃焼により排出される SOx や NOx は酸性雨となり、国境を越えた問題となって森林破壊や湖沼への悪影響と引き起こしている。また、温暖化ガスである CO_2 の大量排出は、温室効果による地球温暖化の顕在化（海面の上昇、生態系や農業への影響など）やオゾン層の破壊による人体への影響など我々の生活への悪影響が懸念されている。

さらに、今後このままエネルギー消費が増え、石油や天然ガス資源が逼迫すれば、一次エネルギーは比較的埋蔵量の多い石炭にシフトせざるを得ない。しかし石炭では CO_2 や SOx、NOx の排出量を低減させることは困難なため、代替エネルギーの発見が急務である。

1.3　循環型社会の構築

産業革命以降、人間は資源多消費型の文明社会の構築へと大きく舵を切り、物質的に豊かな生活を謳歌してきた。これを支えてきたのが化石燃料をベースとしたエネルギー供給である。しかし、今後ともこの資源多消費型社会の特徴である「大量生産」、「大量消費」および「大量廃棄」の社会形態を踏襲する限り、人口の増加とともに有限の地球資源であるエネルギー源、食料源といった各種資源の消費を増大させて環境負荷を増大させ、結果として地球環境そのものを破壊することは容易に予想される。すなわち、産業革命以降の工業社会は、ひたすら経済成長を求め、右肩上がりの経済発展を遂げてきた。この経済成長のためには豊富な労働力を必要とし、この労働力の維持には大量の食料とエネルギーが必要となる。このため、森林を農地に変え、化石燃料を発掘して、食料とエネルギーを確保してきたが、このことはすなわち有限の地球資源の食いつぶしであり、結果として種々の環境問題を引き起こしてきている。人口増に伴う飢餓からの解放のための食料生産の増加、豊かな生活を維持するためのエネルギー消費の増大、そして有限の資源を維持してゆくための地球環境の維持の三者の関係は相互に関係しており、一方を立てれば他方が立たないジレンマが重なった複雑な関係である。すなわち、現代社会は、この複雑に絡み合った、『人口増大の基調の上で、「経済（Economy）発展」、「資源（Energy）確保」と「環境（Environment）保全」の三者を同時に成立させること』が求められている。電力中央研究所は、

これを『トリレンマの状態（3E 問題）』と呼び、この解決がこの社会の持続のための課題であると定義した。

　トリレンマ問題を解決し、持続可能な社会を実現する鍵は、従来の「大量生産」、「大量消費」、「大量廃棄」型の社会から「省資源（Reduce）」、「再利用（Reuse）」、「リサイクル（Recycle）」により環境負荷を低減した循環型社会へと社会構造を転換させることである。この実現にあたり最重要課題は再生可能エネルギーを有効に利用することで、トリレンマ問題からエネルギー問題を切り離し、問題を単純化して解決策を見つけ出すことである。

２．再生可能エネルギーの導入とコンバータ技術
２．１　再生可能エネルギーの導入計画

　地球環境を維持しながら、有限の地球資源を消費することで一次エネルギー確保する社会から脱却し、エネルギーの安定的な供給を維持することで安心と安全を担保した社会を構築する一手段は、従来は使用が難しかった未利用エネルギーである太陽光、風力、潮力やバイオマスといった再生可能エネルギーを積極的に利用することである。このような状況のもとに 2008 年に表 1-1 に示す再生可能エネルギーの導入目標が設定された。この導入目標は、2011 年の大震災で原子力発電の利用が見

〔表 1-1〕再生可能エネルギーの導入計画

	単位	2005 年度 実績	2020 年度 最大導入ケース	2030 年度 最大導入ケース
太陽光発電	万 kl	35	700	2600
	万 kW	142	2800	5321
風力発電	万 kl	44	200	269
	万 kW	108	491	661
廃棄物発電＋バイオマス発電	万 kl	252	393	494
	万 kW	223	350	440
バイオマス熱利用	万 kl	142	330	423
その他※1	万 kl	687	763	716
合計	万 kl	1160	2036	3202

※1　「その他」には、「太陽熱利用」「廃棄物熱利用」「未利用エネルギー」「黒液・廃材など」が含まれる。

直されているため、前倒しされて進められている。

2.2 コンバータ技術の重要性

　現時点で日本において大量導入が計画されている再生可能エネルギーは、表1-1のように太陽光と風力に力点が置かれているが、その導入にあたっては下記のような諸課題を解決する必要がある。

・太陽光や風力はお天気まかせであるため、時々刻々変動し、かつ安定した供給を望めない。
・必要なときにエネルギー供給がされないため、安心できない。

　この課題解決の手法としては、エネルギーを貯蔵する方法があり、各種の方法が検討されている。

　また一方、再生可能な一次エネルギーからの転換が容易で、かつほかのエネルギーと比較して安全なエネルギーである電気エネルギーへの転換が今後ますます進むと予想されるが、電気エネルギーを消費者に供給する電力系統としては既存のものがあるために、再生可能エネルギーの適用にあたっては、既存の電力系統への接続や既存の電力系統との協調が重要な課題となる。たとえば、電力系統への接続問題に関しては、太陽光発電は発電電力が直流であるため、既存の電力系統に接続するためには交流に変換する必要があるし、発電周波数の違う発電設備を使用する場合は、既存の電力系統の周波数に変換する必要がある。すなわち、電力変換技術が今後のエネルギー供給の鍵を握っているといえる。この電力変換技術を支えるのが、最近の発達の著しいパワーエレクトロニクス技術であり、これによって高性能な電力変換器を実現して、大容量化、小型化、高効率化および低価格化を達成しているし、今後さらなる発展が期待されている。

第2章 再生可能エネルギーの種類と系統連系

1. 再生可能エネルギーの種類とその概要
1.1 再生可能エネルギーの種類と背景

分散型電源は種々の分類が考えられるが、主に動力源の種類を考慮すれば、図1-1に示す通り、燃料投入型のコージェネレーション（CGS）、

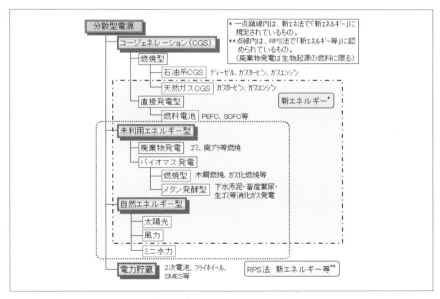

〔図1-1〕分散型電源の分類

バイオマスなどの未利用エネルギー型、太陽光、風力などの自然エネルギー型、および電力貯蔵型に分類される。この中で一点鎖線枠のものは、新エネルギーとして、2010年導入目標が掲げられ、補助金などの普及促進策の対象に指定されている。この中には、石油代替の位置付けで天然ガスCGSも含まれる。一方、点線枠内の未利用エネルギー、自然エネルギーはRPS法の対象に指定され、電気事業者が一定割合で導入を義務付けられる電源である（RPS法：電力小売事業者に対し、発電量に応じて一定割合で、新エネの購入を義務付ける法律。2003年施行）。電力貯蔵設備は発電設備ではないが、負荷平準化や、新エネルギーと組み合せて調整用電源として利用されることから、広義の電源と解釈される。

　分散型電源が普及拡大していく状況の背景は下記に示す通りであるが、最近では地球温暖化対策や一次エネルギーセキュリティー問題に加えてクリーンエネルギー導入促進の観点から再生可能エネルギーの導入が積極的に推進されている。

(1) 熱電併給による省エネルギー、省コスト、CO_2削減

　省エネ法対応、企業体質強化、地球環境貢献の観点で導入意識が高まってきたこと。

(2) 自由化、規制緩和

　特定供給、PPS、オンサイト熱電供給などによる供給形態の多様化、および発電設備の管理資格者、届出などの取り扱いの簡素化（主任技術者配置の緩和（不選任拡大）、使用前検査廃止、工事計画届出緩和など）で、導入の制約が少なくなってきたこと。

(3) 国の導入環境整備

　補助金制度、表彰制度、税制優遇制度などの導入施策、FIT制度および系統連系ガイドラインなどの技術要件制定により導入の環境整備が進んできたこと。

(4) 技術開発の進展、高付加価値化

　技術開発の進展で、分散型電源の付加価値が高まり、選択肢が広がってきたこと。たとえば下記がある。

　・高効率発電設備の登場：MW級ガスエンジンで43〜44%の発電効率

・マイクロコージェネの登場：マイクロガスタービンやマイクロガスエンジン
・高付加価値化：瞬停対策併用の高品質化電源あるいは非常用防災電源

以下に代表的な分散型電源について概要（詳細は次章に記載）を紹介する。

1．2　コージェネレーション（CGS：Cogeneration System）

CGSとは、エンジンの排熱を有効に回収して電気利用と熱利用の双方を実施することで80％前後まで有効利用エネルギー効率を高めた熱電併給システムで、その目的とするところは燃料の節約による経済性、炭酸ガス削減などを目的としている。単機容量で数百kWから数千kWのものもあるが、最近では産業用や業務用を主体として、100kW以下のマイクロコージェネレータの開発が進み、さらなる小型分散化が進む傾向にある。代表的なものが、マイクロガスタービンとマイクロガスエンジンである。

マイクロガスタービンは、空気を排ガスで予熱する再生サイクルの採用、減速機の省略、高周波永久磁石発電機（PMG）とインバータの採用で、小型にも関わらず中規模ガスタービン並みの発電効率を実現しているのが特長である。排ガス中のNOxが低いことも優れた特長である。代表的なシステム構成を図1-2に示す。マイクロガスタービンは総合効率で70～80％を維持するものの、発電効率でガスエンジンに劣る点、

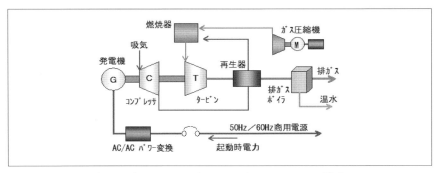

〔図1-2〕マイクロガスタービンのシステム構成

再生サイクル化で温水しか回収できない点から、利用先が限られ、メジャーになれない状況にある。最近では、温水焚き吸収式冷凍機と組合せてパッケージ化した製品も開発されている。

マイクロガスエンジンは低圧領域を狙ってさらに小型化が進んでいる。ガス会社などにより販売されている10kW未満のガスエンジンは、いずれもPMGとインバータを組合せた系統連系仕様で、効率向上、コスト低減、運用性の向上が図られている。10kW未満は、自家用電気工作物の範囲外となり、一般家庭でも取り扱うことが可能である。

1.3　太陽光発電

太陽電池は、シリコン半導体などで構成され、光が当ると（＋）と（－）の電荷が発生し電気を発生する現象を利用する。原理を図1-3に示す。その種類にはシリコン系（結晶系と非結晶系）と化合物系がある。現在の主流は、結晶シリコン系であるが、低コスト化、高効率化を目指した非結晶系、化合物系の開発が進められている。太陽電池は、最小単位が10〜15cm角のセルであり、これを数十枚直列に接続してモジュールを構成する。モジュールを、発電容量に合わせて直列・並列に配列して大型パネルに組み立てたものが太陽電池アレイである。

主な利用形態を表1-2に示す。太陽光発電は、無電化地域の電源として独立型から始まったが、現在の住宅用や公共・産業用のシステムはほとんどが系統連系方式である。系統連系により、日射量に応じた発電出

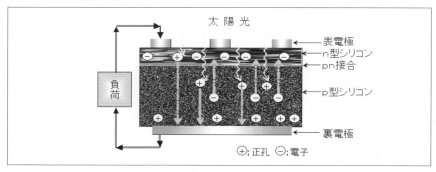

〔図1-3〕太陽電池の原理

〔表 1-2〕太陽光発電システムの利用形態

分類	逆潮流	特長	適用例	システム構成
独立形	—	・太陽光発電電力のみで負荷に供給する。 ・安定供給には蓄電池が必要。	無電化地域での電源システム	
連結形	有り	・太陽光発電電力を負荷に供給する。 ・余剰電力は電力会社に売買する。	住宅用システム等	
連結形	無し	・太陽光発電電力を負荷に供給する。 ・余剰電力が発生する場合には発電電力を抑制する。	逆潮流が困る場合	
連系/自立切替え型	有り/無し	・商用電力系統が停電時に切替えて、太陽光発電電力のみで特定負荷に供給する。 ・安定供給には蓄電池が必要。	防災用等	

力をフルに利用することが可能になり、かつ逆潮流ありの形態では余剰電力の電力会社への売電を可能にする。従来、電力会社は太陽光発電の余剰電力買取制度（需要家の購入電力と同一単価で買い取る制度）は、国や地方自治体の導入補助制度と併せて、太陽光導入のインセンティブになってきたが、太陽光発電の導入を加速するために、国は2012年より全量買取制度（FIT）の導入に踏み切った。この制度により太陽光発電電力は一定期間、一定価格（高価格）で電力会社に売電できることになった。

1.4 風力発電

風力発電は、太陽光と同じく無尽蔵でクリーンな自然エネルギーを利用する。風任せで必要なときに出力が得られず、また出力変動が大きい、という問題点もある。風力発電の出力は風速の3乗に比例するため、風況のよい場所を選ぶことが必要であり、年平均風速で6m以上が望ましいとされる。かつて日本は風力後進国であったが、風況調査や技術開発の進展と、国の導入政策の効果で最近立地が目覚しい。

風力発電に使用する風車は、水平軸型と垂直軸型に分類される。現在、中型および大型の発電用風車のほとんどは、構造が簡単で効率が高く大

型化が容易な水平軸型のプロペラ型であり、垂直型はダリウス、サボニウスなどの形式が、主に小型風車に採用される。最近、日本で都市型風力としてこのような小容量風力発電の開発が行われている。

プロペラ型風車の構成は、図1-4に示す通り、モノポールタワーの上に発電機を納めた箱（ナセル）を載せ、その風上側に3枚翼の風車を取り付ける方式が主流である。風力のコントロールとして、風向に合わせて首を振るヨー制御、定格以上の風が吹いたときに出力を抑制する制御（翼の失速現象を利用するストール制御、ブレードのピッチ角を変化させるピッチ制御）がある。系統接続方法として、トランスを介して接続するACリンク方式、インバータを介して接続するDCリンク方式がある。前者は誘導発電機と組み合わされ、シンプルで低コストである反面、出力変動が大きい。後者はそれと対照で出力変動が少ない特徴を持つ。昨今では出力変動に対する電力品質の問題が顕在化しており、風力の拡大に伴い、制御性、電力品質に優れる後者の方式が増えつつある。また、永久磁石式同期可変速ギアレス方式も採用されてきている。

1.5 バイオマス発電

バイオマス発電は、大気中のCO_2を固定化して得られる生物起源の燃料を扱い、燃焼に伴うCO_2発生はCO_2負荷としてカウントされず、

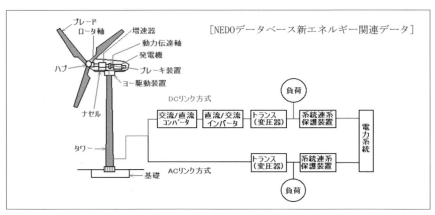

〔図1-4〕風力発電システムの構成

太陽光、風力、水力と同じ再生エネルギーに分類されるものである。バイオマス燃料に関わるエネルギー変換の体系を図1-5に示す。この中で、商業的にも進んでいるのは直接燃焼型で、国内のバイオマス発電のほとんどは、この方式が占める。

　直接燃焼型のバイオマス発電システムの代表例としては、木屑を燃料とするものがある。基本的には、通常の油、ガスを燃料とする火力発電と同じであるが、木屑の破砕チップ化、乾燥などの燃料前処理やバグフィルタ設置などの排ガス処理が必要となる。木屑バイオマス発電は、燃料収集・運搬の規模から来る容量の制限（最大でも10MW級）、不純物成分によるボイラ蒸気温度の制限から、発電効率は10～20%程度と低い。バイオマス資源といえども、規模拡大の点で、あるいはエミッション（排ガス、灰）抑制の観点から、効率向上は大切である。

　下水汚泥からのメタン発酵による消化ガスを発電に利用する方法、いわゆる消化ガス発電も古くから行われている。嫌気性雰囲気下において、微生物（メタン発酵菌）の働きで有機物が分解されメタンガスが発生する現象を利用し、メタン60%程度含む比較的カロリーの高いガスを発電に利用する。図1-6に下水汚泥消化ガス発電の例を示す。この方式による発電は全国数十か所の下水処理場で行われており、規模の大きいとこ

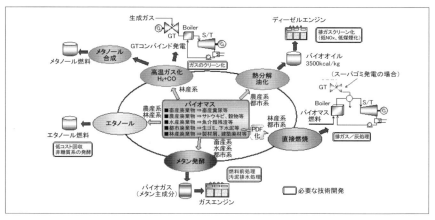

〔図1-5〕バイオマスエネルギー変換の体系

ろは2000～3000kWの発電容量を持っている。消化槽はもともと下水汚泥の減容処理が目的で、ここで発生する消化ガスは燃焼させて消化槽の加温に使われるだけであった。このために消化ガスをガスエンジン発電機の燃料にして発電することは再生エネルギーを利用する分散型電源の有力な候補になる。

1.6　燃料電池

　燃料電池は、小規模でも効率が高いこと、排ガス、騒音などの環境性に優れる点が、次世代の分散型電源を担うものとして期待されている。燃料電池の原理は、水素と酸素の化学反応で水ができる過程で電気を連続的に取り出すもので、「電池」ではなく「発電装置」である。燃料電池は用いる電解質の違いにより固体高分子形、リン酸型、溶融炭酸塩形と固体電解質形に分類されるが、原理はいずれも同じである。動作温度が高いほど効率は高いが、材料・構造面で技術的な困難さを伴う。燃料電

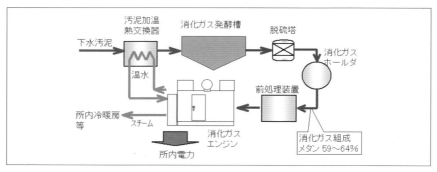

〔図1-6〕下水汚泥消化ガス発電のフロー（例）

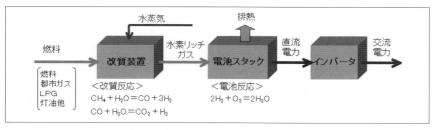

〔図1-7〕燃料電池の変換プロセス

池の原理と変換プロセスを図1-7に示すが、燃料である水素やCOは、都市ガス、LPG、灯油などの化石燃料を改質して得られる。この中で、近い将来の実用化に向けて最も期待が高いのが、固体高分子形燃料電池(PEFC)である。PEFCが開発の先端をゆく理由は下記である。

・動作温度が低く、実用化への技術的ハードルが低い。
・動作温度が低く起動停止が容易、取り扱いが容易で、民生用途に向く。
・比較的構造が簡単で、コスト低減の見通しを得やすい(むしろ材料ブレークスルーに依存)。
・水素燃料への適合性が高い。

　PEFCの用途は、定置用として家庭(1kW程度)や業務用、自動車用および可搬用が考えられている。家庭用や業務用は改質装置やインバータを内蔵するパッケージ商品である。

1.7　電力貯蔵装置

　電力貯蔵は、CO_2を削減できるわけではなく、新エネルギーではないが、出力変動を吸収し系統を安定化させることで、新エネの普及に不可欠な役割を担う。これまで負荷平準化を狙いとして、国の政策で大型揚水発電の開発が進められ、現在揚水発電は、一般水力の2000万kWを上回る2400万kWが開発されている。しかし、揚水発電は、国内で適地が少なくなっており、今後大きな増加は見込めない。一方、新エネの登場で、出力変動調整用として電力貯蔵のニーズが増加しており、負荷平準化と併せて、電力貯蔵技術への期待は今後一層高くなる傾向にある。

　揚水発電以外で実用化されている技術は二次電池の一部で、ほかはまだ開発途上にあり国としても積極的な開発支援策を実施している。たとえば、新型二次電池のリチウム電池(自動車用)、超電導コイル、フライホイール(超電導磁気軸受方式)は、現在国のプロジェクトで開発が進められている。また、キャパシター(電気二重層コンデンサ)はまだ小型製品の範囲であるが、二次電池に比べて、貯蔵効率、寿命、瞬時応答性に優れ、電力貯蔵用の開発が期待されている。

2. 分散型電源の系統連系
2.1 分散型電源の系統連系要件の概要

分散型電源などの発電設備を商用系統（一般電気事業者すなわち電力会社の系統）に連系させる場合の要件は、「系統連系技術要件ガイドライン（昭和61年8月の通商産業省資源エネルギー庁公益事業部通達）」としての交付が最初で、その後改定が繰り返されて平成16年10月に電力品質に関する技術要件と保安に関する技術要件が分離された。前者は、「電力品質確保に関わる系統連系技術要件ガイドライン（以下ガイドラインと称す）」として公表され、後者は「電気設備の技術基準の解釈（以下電技解釈と称す）」に組み入れられた。

ガイドラインは、電力会社と発電設備設置者の両者間で個別に協議する事項に関して、透明性や公平性を確保することを目的としていて強制力はない。一方、電技解釈は電気事業法に基づく保安確保上の行政処分を行う場合の判断基準に関するもので、行政手続き上の「審査基準」としてガイドラインの上に位置づけられており、実質的に強制力を持つ。

ガイドラインおよび電技解釈が適用される範囲は、一般電気事業者および卸発電事業者以外の発電設備を商用系統に連系するすべての場合に適用される。以下にその例を示す。
・卸供給事業者（IPPや共同火力など）
・特定規模電気事業者（PPS）
・特定電気事業者
・自家用発電設備設置者（コージェネなど）
・小規模発電設備設置者（20kW未満の太陽光発電など）

2.2 系統連系の区分

分散型電源の系統連系は、低圧配電線、高圧配電線、スポットネットワーク配電線、特別高圧電線路の4連系区分に分類される。いずれの連系区分によるかは、表1-3に示す1設置者あたりの電力容量を目安として決定される。ここで電力容量は下記のように定義されている。

電力容量とは、受電電力の容量または系統連系の係る発電設備などの出力のうちのいずれか大きい方とする。受電電力の容量とは契約電力の

〔表1-3〕分散型電源の系統連系区分

連係の区分	発電設備の種類	逆潮流の有無	1設置者あたりの電力容量の原則
低圧配電線	逆変換装置	有・無	50kW 未満
	交流発電設備	無	
高圧配電線	逆変換装置	有・無	2,000kW 未満
	交流発電設備		
スポックネットワーク配電線	逆変換装置	無	10,000kW 未満
	交流発電設備		
特別高圧電線路	逆変換装置	有・無	2,000kW 以上
	交流発電設備		

ことであり、発電設備などの出力とは交流発電設備の場合はその定格出力であり、直流発電設備などで逆変換装置を用いる場合は逆変換設備の定格出力をいう。

なお、二次電池などの電力貯蔵装置に関しても発電設備と同様の技術要件が課される。

2.3　発電設備の電気方式

発電設備の電気方式は、連系する商用系統の電気方式と同一とすることを原則とする。ただし、最大使用電力に比べて発電設備容量が非常に小さい場合などは、一定の条件を満たす場合には連系する商用系統の電気方式と異なってもよい。たとえば、三相3線式で受電する高圧需要家が、需要家構内の単相3線式低圧系統に太陽光発電設備を連系する場合がこれに相当する。

発電設備は、交流発電設備（同期発電機と誘導発電機）と逆変換装置（他励式と自励式）に分類されるが、連系要件は各々の場合に分けて課せられる。発電設備の種別ごとに系統連系要件は異なるので、表1-4には分散型電源の系統連系方式を示す。

2.4　系統連系保護の原則

系統連系保護とは、下記に示すような場合に発電設備を自動的に連系する系統から解列することであり、その目的とするところは、発電設備側の事故や故障の影響を電力系統側に与えないこと、もしくは電力系統側の事故や故障の影響が発電設備側に及ばないようにすることである。

〔表1-4〕分散型電源の系統連系方式

一次エネルギー		発電電力の形態	系統連係の形態
自然エネルギー	太陽光	直流	インバータ接続
	風力	商用周波数の交流	直接接続
		変動周波数の交流	インバータ接続
	ミニ水力	商用周波数の交流	直接接続
化石エネルギー（ガス、石油）	燃料電池	直流	インバータ接続
	ディーゼル ガスタービン ガスエンジン	商用周波数の交流	直接接続
	マイクロガスタービン	高周波の交流	インバータ接続
	廃棄物発電	商用周波数の交流	直接接続
未利用エネルギー	バイオマス	商用周波数の交流	直接接続

・発電設備に異常または故障を生じた場合。
・連系する電力系統に短絡故障または地絡故障が生じた場合。
・発電設備が単独運転または逆充電の状態となった場合。
　なお、発電設備を系統から解列する場合は、下記事項が要求される。
・連系された商用系統の再閉路時に、発電設備が当該系統から解列されていること。
・自動再閉路時間より短い時限かつ過渡的な電力変動による不要な遮断を回避できる時限で行うこと。
・連系系統以外の事故時や連系系統側の瞬時電圧低下に対して、解列しないこと。

　実装すべき保護装置の種別は表1-5に示すように、発電設備の種別や逆潮流の有無に応じて定められているが、詳細はガイドラインや電技解釈を参照されたい。

〔表 1-5〕保護装置の種別

発電設備の種類		同期発電機		誘導発電機		逆変換装置	
逆潮流の有無		有	無	有	無	有	無
発電設備故障時		OVR、UVR					
系統側短絡事故		DSR		UVR			
系統側地絡事故		OVGR					
単独運転の防止	OFR	○	―	○	―	○	―
	UFR	○	○	○	○	○	○
	PRP	―	○	―	○	―	○
	転送遮断装置または単独運転検出機能	○	―	○	―	○	―
再閉路時の事故防止		線路無電圧確認装置					

第3章 各種エネルギーシステム

1. 太陽光発電

　太陽光発電は、太陽の光のエネルギーを電力に変換する発電システムである。太陽光発電については光を電力に変換するセル、その電気を集電して活用するパッケージを指すモジュール、それを直流配電で集めて交流に変換するインバータまでを含むシステムで構成されている。

　セルについては、既存の技術から今後期待されている技術まで、主なものとしては以下のような種類がある。

①シリコン多結晶系：多結晶シリコン太陽電池は、異なった面方位を向いた比較的小さな結晶が継ぎはぎとなったインゴットを、厚さ200μm 程度にスライスして形成したもの。

②シリコン単結晶系：円柱状の単結晶シリコンインゴット（シリコンの塊）を厚さ200μm 程度にスライスして作製する。

③シリコン薄膜系：シラン（SiH_4）などの原料ガスからプラズマCVD法にて基板上に薄膜を作製された薄膜。シリコン使用量は結晶系の1/100になる。

④化合物系のうちCIS型：シリコンのかわりに銅（Cu）、インジウム（In）、ガリウム（Ga）、セレン（Se）などからなる化合物半導体を使用するタイプで、薄膜、軽量、省資源、低価格など多くの長所を持つため注目されている新型セルである。

⑤化合物系のうちCdTe型：毒物の高いカドミウムを原料として使用す

るため、日本では普及していないが、欧米では大規模発電所用に導入が進んでいる。薄膜化が可能で、ガラス基板上に比較的低温で良質の多結晶膜を形成できるため、低コストである。
⑥集光型化合物系：小面積の高効率な多接合太陽電池にレンズや鏡で集光することにより、高い発電効率を実現する太陽電池である。
⑦有機系色素増感型：酸化チタンの表面に吸着した色素が可視光などの光を吸収し、励起した電子が酸化チタンの方に移動する原理で発電する、研究開発段階のセル。
⑧有機系薄膜型：p型の有機半導体に導電性ポリマーを、n型の有機半導体にフラーレンを用い、これら2種類の有機半導体を混ぜて溶かした液を電極のついた基板上に塗布して薄膜にした後、薄膜上に電極を形成して作成する、現在研究レベルの太陽電池。

このうち現段階で商品化ないしフィールドでテストできる技術は、①〜⑥である。⑦〜⑧は技術開発段階のセルと考えてよい。（様々なセルの性能比較設備（図1-8）と配置図（図1-9））

日本における太陽光発電の導入可能量については、2000年代に多くの試算が行われている。当時のNEDOの調査によると、試算条件により29,550MW 〜 201,838MWとばらつきがある。最も小さい試算値は、29,550MWであるが日本の電力会社10社の2009年時点の発電容量の

〔図1-8〕北杜市の実証サイトで見られる種類の異なるPVモジュール性能比較設備

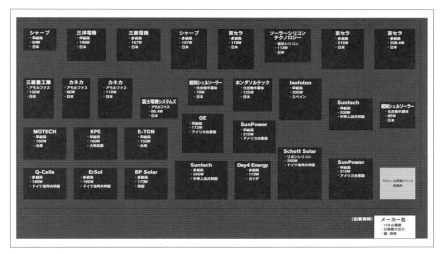

〔図1-9〕北杜のメガソーラにおけるモジュール比較設備のモジュール配置

14%に相当する数字であり、日本においては、再生可能エネルギーの中でも太陽光発電のポテンシャルは高いとされている。

これをうけて、自民党政権時代には、2008年に福田ビジョンに基づき閣議決定された「低炭素社会づくり行動計画」において「2020年までに現在の10倍、2030年までに40倍」とする目標と、2009年には麻生総理（当時）スピーチにより、「2020年までに現在の20倍」とする方針が出された。

民主党政権化において、鳩山政権時に二酸化炭素の削減目標は掲げられたものの、太陽光発電の導入目標の見直しはされず、東日本大震災とそれによる福島原発の事故を受けて、新しいエネルギー政策が見直され、現状、太陽光発電を含む再生可能エネルギーの発電量に占める割合を25%～35%にする構想が示されている。2007年度より、国内ではNEDOが稚内、北杜でメガソーラ事業を開始したが、その後、電力会社にメガソーラを建設させる施策を採り、図の堺（図1-10）の発電所のように基礎杭を打たないなど様々なコスト低減策が進歩した。

2012年より固定買取制度が始まり、折からのコスト低減も相まって、

〔図1-10〕関西電力　堺メガソーラ発電所

大量の太陽光発電の認定設備の申し込みが電力会社にもたらされている。たとえば、最大需要が16000MWの九州電力管内で、太陽光と風力併せて最大需要を越える17870MWの連系申し込みが2014年9月段階で積み上がり、北海道、東北、四国、沖縄電力とともに受付の停止に至っている。現状、出力抑制などの対策が議論され、連系受付を再開されることが望まれる状況となっている。また、2014年11月に京都で開催された国際系統連系会議において、欧州では地面置きのPVの発電コストがkWhあたり10セントユーロを下回ると評価され、原子力などよりも安価な電源と評価されている。また、イタリア、ドイツ、アメリカ西部、オーストラリアなどで家庭用太陽光発電が、電力会社の電気料金を下回る状況になり、急激な普及が起こり、電力会社の経営に重大な影響が出始めていると報告されている。

2．風力発電

　風力発電は世界的に見て、最近導入がもっとも進んだ再生可能エネルギーである。風力発電には1kW未満のマイクロ風力発電、1～50kWの小型風力発電、50～1000kWの中型風力発電、1000kW以上の大型風力発電に分類されるが、世界の風力の導入の傾向を見ると、大型機が現在の主力であり、欧州では風力の立地が洋上に移るに伴い、2000kW以上

〔図1-11〕水平軸型(苫前ウインドビラ)と垂直軸型(八戸マイクログリッド実証)

の機種が主流になってきている。

　風力発電の方式に着目すると、図1-11のように水平軸形と垂直軸形がある。垂直軸は小型風車に採用されているが、中型～大型については3枚翼水平軸が採用されている。水平軸の場合、プロペラ方式となるが、この方式では、アップウィンド方式とダウンウィンド方式がある。アップウィンド方式は、ロータの回転面が風上側に位置しており大型の風車において主流となっている。一方、ダウンウィンド方式は、回転面が風下側に位置するためプロペラを風向きに合わせるヨー駆動装置が不要であり、小型風車への適用例が多い。定格出力が600kWの場合、タワーの高さは40～50m、羽根の直径は45～50mくらいとなり、1000～2000kWの場合、タワーの高さは60～80m、羽根の直径は60～90mが一般的で、この規模を超えると100mに達するものも出てきている。風車の大型化によって1機あたりの発電出力が増大するとともに、風力発電の複数設置によってウィンドファーム全体の出力が増大し、発電コストを低減することができるため、近年、風力発電そのものが大型化するとともに、ウィンドファームの大規模化が進む傾向にある。これにともない、陸上に設置するよりも洋上に設置される事例が増え始めている。

日本の状況を見ると、洋上風力の設置に有利な遠浅の海が少なく、陸上設置において設置のための道路整備、重機移動に厳しい方向に技術が移行している点も課題がある状況である。

　中型〜大型機に採用されているプロペラ方式の構造は、ナセルの中に増速機や発電機、ブレーキ装置、ロータ軸、主軸が格納されており、ブレードはハブによってロータ軸に連結される構造となっている。

　風力エネルギーは風速の3乗に比例して増大する。そのため、経済性の向上には風況のよい場所の選定が必須であり、その目安は年間平均風速7m/s以上とされている。世界の陸上の好適地は、米国中央部や中国西部、英国、アルゼンチン南部などである。洋上では陸上よりも一般によい風況が得られる。北半球冬期では、米国東岸や英国・ノルウェー沖の北海、日本沖などの風況がよい。また、豪州沿岸、南アフリカ、アルゼンチン南部などは1年を通して風況に恵まれている。

　世界の風力発電累積導入量は、過去10年間、堅調な伸びを見せており、2009年末までの累積で158.5GW（前年比32%増）に達した。風力発電の導入量の多い地域は、米国、中国、ドイツ、スペイン、インドなどの国になっている。特に、2009年の導入の増加は米国、中国での増加が支えている。また、導入目標で見ると、欧州再生可能エネルギー評議会は、2010年に176TWh、2020年には477TWhの風力発電の導入が必要という試算を行う一方、欧州エネルギー技術戦略計画（SET-Plan）において、2020年までにEUの電力消費量の20%を風力発電でまかなう目標を設定している。米国では、2030年までに全電力需要の20%を風力エネルギーでまかなう技術的可能性を検討しており、2030年時点の風力発電の設置容量および発電電力量をそれぞれ304.8GW、1200TWhとするシナリオを提示している。IEAでは、将来のエネルギー技術展望（EnergyTechnology Roadmap）のBlue Mapシナリオにおいて、2050年までの累積で2000GW、年間発電量は5200TWh（世界の発電電力量の12%）に達すると予測している。

　しかし、一方で、系統連系の限界も問題になり始めており、2006年にはドイツ、オランダなど欧州10数ヶ国に及ぶ停電が、風力による送

電線混雑も影響して発生している。ドイツではすでに陸上設置の風力は、設備導入が飽和している。中国では特に風況のよい冬場に送電線の制約や吸収できる需要の不足から、風力発電備の系統への連系を認めてもらえない状況が発生している。

さらにドイツでは、風力の普及とともに、火力発電の稼働率が下がり、火力発電が助成なしでは採算が採れない状況となっている。このため、電力自由化の枠組みが成立しなくなりつつあり、自由化そのものを見直そうという機運が出てきている。また、風力導入国の多くで、発電余剰が発生する状況となり、出力抑制が必要になっている状況であるが、そのため、風力事業者側から優先給電をはずしてもらい、市場で需要を確保した事業者が送電できる自由競争への移行を希望するようになっている。

日本における見込みは、「長期エネルギー需給見通し（再計算）」の最大導入ケースにおいて、2020年および2030年の風力発電導入量を、それぞれ5.0GW、6.7GWとしているほか、NEDOは、「風力発電ロードマップ検討結果報告書」（平成17年3月）において、2020年の導入目標を10GW、2030年を20GWと設定している。日本風力発電協会は、平成20年と22年に公表したロードマップにおいて、2020年に8～12GW、2030年に13～28GWという高い導入目標を提案している。

日本における風力発電導入可能量については、環境省および日本風力発電協会（JWPA）が試算を行っている。JWPAの試算したポテンシャルは2008年度における全発電設備容量の約4倍に相当する782,220MWであ、一方、環境省調査によるポテンシャルは全発電設備容量の約9倍としている。ただし、両方の試算とも、賦存量には地域差が大きく、北海道、東北、九州地域に適地が集中している。このポテンシャルに送電線のアクセスなどの条件を加味すると、当面、設置できる要領がかなり限定されるほか、これら適地をカバーする電力会社が夜間の風力の出力変動の吸収能力の限界などから、現状、接続の上限枠が設定されている状況にあり、実際に導入されている風力発電は、各電力会社の規模の数％にとどまっている。2012年に導入された固定価格買取制度は、風力発電の採算性の改善には貢献するものの、風力の連系可能容量については、電

力会社の募集枠に制約されるので、急激な普及にはつながっていない。

3．太陽熱利用

太陽熱利用については、過去に行われたニューサンシャイン計画での実証で、日本では合わない技術とされて、しばらく開発が下火になっていたが、昨今のエネルギーインフラの海外輸出ブームの中で、中東、北アフリカ、中国、インドなどのエリアでの有望なエネルギー技術として再び着目を浴びてきている。技術的には、以下の四つの方式に分類されている。

3.1 トラフ型

トラフ型は、樋状に伸びた曲面の集光ミラーを用いて集熱管に集光することにより集熱管内の熱媒を加熱し、熱交換器を介して蒸気を生成し、発電を行うシステム。熱媒は約400℃近くまで加熱された後、熱交換器に送られ蒸気（約380℃）を発生。システム効率は15％程度。

3.2 フレネル型

トラフ型と類似の技術。平面またはわずかに曲がった長い集光ミラーの角度を少しずつ変えて並べ、数メートル上方にある集熱管に集光して、蒸気を生成する仕組み。現在のシステム効率は8～10％とトラフ型より低いが、トラフ型の曲面集光ミラーよりも製造が容易でありコスト削減が可能であること、集光ミラーが風圧の影響を受けにくいことなどの利点を有する。

3.3 タワー型

タワー型太陽熱発電は、ヘリオスタット（Heliostats）と呼ばれる平面状の集光ミラーを多数用いて、通常はタワーの上部に置かれる集熱器に太陽の動きを追尾しながら集光し、その熱で蒸気を作り発電を行うシステムである（図1-12）。集熱器に集められた熱は主に溶融塩を熱媒として蓄熱され、熱交換器を介して蒸気を生成する。また、近年ではフレネル型と同様に、熱交換器を介さないDSGシステムがある。2005年に公開された「サハラ　死の砂漠を脱出せよ」という映画では、太陽熱焼却炉として登場している。

3.4 ディッシュ型

ディッシュ型太陽熱発電は、図1-13のように放物曲面状の集光ミラーを用いて集光し、焦点部分に設置されたスターリングエンジンやマイクロタービンなどにより発電を行うシステムである。一見、パラボラアンテナのような形状をしており、全体のサイズは直径5～15m、発電出力5～50kWと、ほかのシステムと比較して小規模であり、分散型発電システムとして適している。最近、多数台をまとめて配置してMW級の発電プラントとする構想があり、カリフォルニアで大規模発電所の構想があると聞いている。

〔図1-12〕アルバカーキにあるタワー型太陽熱実験設備

〔図1-13〕ディッシュ型スターリングエンジンによる太陽熱発電機

世界的には、サンベルト地帯において、太陽熱発電が主要電源の一つに位置づけられており、欧州や中国、インドで、具体的な導入目標・導入見通しが掲げられている。直達光の比率が少ない日本では、現時点、太陽熱利用に不向きで具体的な導入目標はない。

4．水力発電

水の力を利用して発電する技術が水力発電である。特に、中小水力発電は、一般的に水を貯めることなくそのまま利用する方式で、中小規模のものを指す。水力発電の出力は、一般に流量と水系の落差の積に比例する。実際の落差に比べて、損失分を考慮した実効的な落差である利用可能な落差を有効落差といい、水車の効率や発電機の効率を合わせた総合効率を η とするとき、実際の発電電力 Pe (kW) は、有効落差 He (m) と η を用いて次のように表される。

$$[実際の発電電力 Pe(kWh)] = 9.8 \times [流量(m^3/s)] \times [有効落差 He(m)] \times \eta$$

一般的には水力の総合効率は 80～90% 程度である。

水力発電は水の利用面に着目して分類すると、流れ込み式、調整池式、貯水池式および揚水式の4種類の方式に分類される。また、落差を得る構造面に着目した分類として、水路式、ダム式、ダム水路式の3種類の方式がある。

前項で示した発電方式のうち、水路式で出力 1000kW 以下の水力発電が「新エネルギー利用などの促進に関する特別措置法（新エネ法）」により新エネルギーとして位置づけられている。しかし、中小水力発電としての明確な規模の定義はなく、NEDO の「マイクロ水力発電導入ガイドブック」においては、流れ込み式で出力 10,000kW 程度以下の水力発電を中小水力発電と定義している。

中小水力発電では、利用する水の種類として次のものが考えられている。

(1) 渓流水利用

河川水を利用する場合で、主に渓流が対象と想定される。渓流を流れ

る水の一部を導水し、流れ込み式の発電を行う利用や、渓流に直接発電装置を設置して発電する。
(2) 農業用水利用
　農業用水には水田への水供給のための水路の落差工に直接発電装置を設置して発電する方式。
(3) 上下水道利用
　浄水場から排水場までの間で得られる落差と、通常、送水管路の末端部に設置されている減圧バルブの減圧分の圧力を有効利用する発電方式。
(4) 工場内水利用その他
　工場からの排水を最終的に河川へ放水する際の落差を利用した発電方式。

5．燃料電池

　燃料電池は電気化学反応により発電するものでカルノーサイクルの制約を受けず理論的に高い発電効率が期待できる。可動部分がなく、信頼性が高く、発電に伴って排出されるのは水だけというクリーンな発電装置である。
　基本的な原理は1839年にイギリスのウィリアム・グローブ卿によって発見された。100年を経て、1950年代から宇宙船向けに研究開発が始まった。1965年に米国の有人宇宙船ジェミニ5号に燃料電池が搭載されたのが最初の本格的な実用化の例である。我が国では1978年からムーンライト計画において燃料電池の研究開発が積極的に進められてきた。

5.1　燃料電池の原理

　燃料電池の基本的な原理は、水素と酸素とにより、水の電気分解と逆の電気化学反応を用いて電気を発生させるというものである。図1-14に示すように電解質をはさんでアノード（「負極」または「燃料極」とも呼ばれる）とカソード（「正極」または「空気極」）の二つの極がある。アノードに水素を与え、カソードに酸素を与えると、(1-1)式の反応が生

じる。イオンが電解質を移動し、水素と酸素とから水が発生する。

アノード　　$H_2 \rightarrow 2H^+ + 2e^-$
カソード　　$\frac{1}{2}O_2 + 2H^+ + 2e^- \rightarrow H_2O$　……………　(1-1)
全体：　　　$H_2 + \frac{1}{2}O_2 \rightarrow H_2O$

　燃料電池の理論効率（η）と理論起電力（E）は、各々 (1-2) 式と (1-3) 式で与えられる。

$$\eta = \frac{\Delta G}{\Delta H}$$　……………………………………　(1-2)

ここで、ΔG：標準生成ギブスエネルギー変化（kJ/mol）、
　　　　ΔH：標準生成エンタルピー変化（kJ/mol）

$$E = \frac{-\Delta G}{n \cdot F}$$　……………………………………　(1-3)

ここで、n：電子数、F：ファラデー定数

　(1-2) 式と (1-3) 式に、(1-1) 式の反応における各値（-ΔH=286、-ΔG=237、n=2、F=96,500）を代入すると、η=84.6%、E=1.23V を得る。

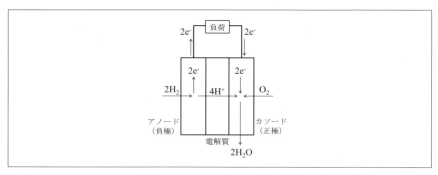

〔図1-14〕燃料電池の原理

燃料電池はこのように高い理論効率が特徴の一つである。実際には、各極での電圧損失や抵抗損失により効率は低下する。電力を取り出すためには、電流を多く流す必要があるが、図1-15に示すように、電流の増加とともに損失も増加し、電圧は低下していく。

このように電圧が変動することから、燃料電池を発電機として利用するためには、後段にDC/DCコンバータを接続し、電圧を一定にしてから、インバータにて交流に変換するのが一般的である。

5.2 燃料電池の用途と種類
5.2.1 概要

燃料電池は用途の面から、定置用と自動車用とに大きく分類される。定置用としては、住宅向けといった小規模なものから、ビルや工場での自家発電設備、さらに大規模発電所への応用が想定されている。自動車用とは専ら燃料電池自動車での利用が想定されている。そのほかにも宇宙船用や携帯機器用などがあるが、ここでは省略する。

燃料電池が発電する際の反応は発熱反応であることから、燃料電池も発電の際には熱を生じる。そのため、ガスエンジンやガスタービンと同様に熱を回収して空調や給湯に利用するコージェネレーションシステムとして運用することが可能である。回収できる熱の温度は燃料電池の種類によって異なる。燃料電池は内燃機関と比べて発電効率が高いことが大きな利点であるが、排熱を回収することで総合効率をさらに高めるこ

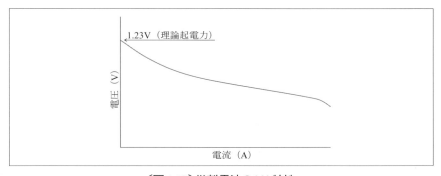

〔図1-15〕燃料電池のV-I特性

とができる。

　燃料電池には、用いられる電解質により表1-6に示すように主に四つの種類がある。動作温度の違いによって特性が分かれることから、低温型（PEFCとPAFC）および高温型（SOFCとMCFC）に分類することもできる。現在、注目されているのは主にPEFCとSOFCであり、それらを中心に各種燃料電池のエネルギー密度と発電効率とを大雑把に比較したものを図1-16に示す。参考のためにガスエンジンなど内燃機関についても併せて示した。

5.2.2　固体高分子形燃料電池（PEFC）

　固体高分子形燃料電池は、英語ではProton Exchange Membrane Fuel Cell（PEMFC）またはPolymer Electrolyte Fuel Cell（PEFC）と呼ばれる。我が国では後者が使われることが多いことから、ここでは、PEFCと呼ぶことにする。電解質としてプロトン伝導性高分子膜を用いる。デュポン社によってフッ素樹脂系のナフィオン膜が開発され、バラードパワーシステム社がそれを採用したPEFCの開発に成功して以降、実用化の可能性が高まり、注目を浴びることとなった。

　PEFCの構造を図1-17に示す。電解質膜、各極の組み合わせをMEA（Membrane Electrode Assembly）と呼び、それをセパレータで挟んだものをセル（または単セル）と呼ぶ。図では見やすいように厚みを持たせて描かれているが、実際には非常に薄くできており、特にMEAは100μm

〔表1-6〕燃料電池の主な種類と性能（文献[1]をもとに改訂）

名称 （略称）	固体高分子形 （PEFC）	リン酸形 （PAFC）	固体酸化物形 （SOFC）	溶融炭酸塩形 （MCFC）
電解質	イオン交換膜	リン酸	安定化ジルコニア	炭酸リチウム、 炭酸ナトリウム
触媒	白金	白金	ニッケル等	ニッケル等
動作温度	70-100℃	170-200℃	700-1000℃	600-700℃
燃料	水素	水素	水素、一酸化炭素	水素、一酸化炭素
発電効率	30-40%	32-42%	45-70%	50-60%
発電容量	1-100kW	100-数百kW	1kW-MW級	数百kW-MW級
用途	定置用、自動車	定置用	定置用、 火力発電代替	定置用、 火力発電代替

注）発電効率については実績値と開発目標値の両方を含む。

程度の厚みしかない。セパレータの溝を水素または空気が流れ、燃料極と空気極へ供給される。

一つのセルでは0.7V程度と電圧が低いため、数十から数百のセルを直列に重ねて電圧を上げて使用する。多段に重ねた（スタックした）ものをセルスタックと呼ぶ。

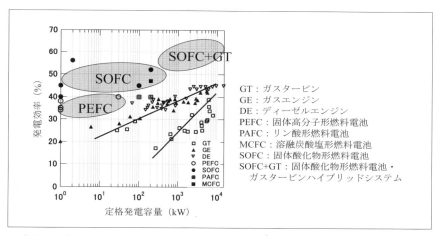

〔図 1-16〕PEFC と SOFC の発電容量と効率[2]（産業技術総合研究所提供）

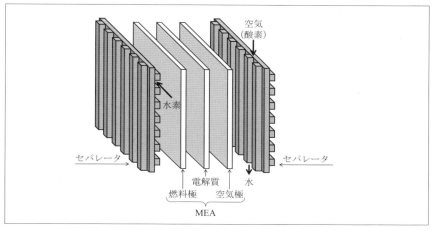

〔図 1-17〕PEFC のセル構造

- 35 -

電解質を含めた材料が固体であり扱いやすいことと、動作温度が低く、起動停止が短時間で可能なことから、燃料電池の中で唯一、自動車への応用が期待されている。燃料電池自動車では、カーボンファイバー製の70MPaタンクに水素を貯蔵し、100kW程度の燃料電池へ供給して発電を行い、モーターを駆動する。さらにハイブリッド自動車の技術を適用し、急な加速の際には蓄電池から補助を受けたり、減速の際に発電して蓄電池へ充電を行ったりする。

定置用としては、小形化が容易であるという特徴を生かして、発電容量0.7〜1.0kW住宅用のシステムが実用化されている。一般的なシステム構成を図1-18に示す。

水素は一般に燃料として流通していないため、改質器を用いて、化学プロセスにより都市ガスやプロパンガスなどの炭化水素燃料から製造する。触媒により脱硫、水蒸気改質、CO変成およびCO選択酸化除去の4段階で、都市ガスなどから水素と二酸化炭素を得る。四つの触媒は各々運転温度が異なることもあり、急激な負荷変動には向いていない。起動時にも触媒の加熱のために時間がかかる。

セルスタックからの電力は直流であり電圧が変動するので、DC/DCコンバータで安定化し、インバータで交流に変換され、住宅内の系統に連系される。またほかの発電設備と同じく系統連系のための保護継電器も内蔵されている。燃料電池の発電の際に発生する熱は熱交換器で温水として回収し、別に設けられた貯湯槽に貯められる。

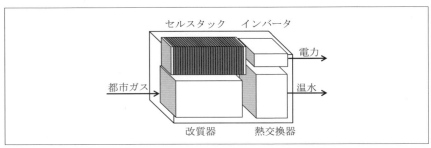

〔図1-18〕住宅向けPEFCのシステム構成

動作温度が低いため、電極反応を起こすために電極に白金を触媒として用いる。燃料ガスにわずかでも一酸化炭素が含まれていると、白金の表面に付着し、触媒としての機能を著しく低下させてしまう（CO被毒）。そのため、改質器では一酸化炭素を完全（10ppm以下）に取り除く必要がある。さらに白金は高価であり、PEFCのコストを押し上げてしまう。そこで、少ない白金でも電極反応を十分に起こさせるための技術開発や、白金に代わる触媒の開発が期待されている。

5.2.3　リン酸形燃料電池（PAFC）

　PAFCは電解質にリン酸（H_3PO_4）を用いたものである。多孔質のマトリックスにリン酸水溶液をしみこませたものを電解質板とし、それを空気極と燃料極とで挟む。各極には白金触媒を用いるため一酸化炭素による被毒の問題が生じるが、PEFCとは違い、一酸化炭素の量がわずか（100ppm以下）であれば許容できる。そのため、改質器の負担がやや少ない。

　技術的にはすでに実用化の水準に達しており、発電容量50～200kWのコージェネレーションシステムが商用化されている。運転実績も多く、安定しており、信頼性も高い。燃料としては、都市ガスのほかに、下水汚泥や生ごみを発酵させたメタンガスなどバイオガスにも対応できる。ビル、商業施設および工場においてコージェネレーションシステムとして広く活用されている。

5.2.4　固体酸化物形燃料電池（SOFC）

　固体酸化物形燃料電池（SOFC）は、電解質にイットリア安定ジルコニア（YSZ）を用いたものである。高温で動作し、最新鋭の火力発電所を上回る高い発電効率が期待できることから、大規模火力発電所への応用を目指して研究が進められてきた。

　セルには、PEFCやPAFCのような平板形のものと、円筒形のものとがある。いずれもインターコネクタにより燃料極、電解質および空気極からなる単セルを接続して構成される。平板形ではセルが四角形のものや円盤のものもあり、円筒形でも円筒全体で一つのセルになっているものもあれば、短い円筒を直列につないで全体として長い円筒の形をして

いるものなど、様々な種類がある。ここでは図1-19に円筒形セルの例を示す。円筒の内側から空気極、電解質、燃料極の順に同心円状に積層し、円筒内部を空気が通り、外側に燃料が流れる。円筒形は温度による熱膨張を吸収しやすいのが利点である。円筒形のセルを束ねたものがスタックとなる。

　動作温度が高いことから、次のような利点がある。白金触媒なしで電極反応が起こり、高い出力密度が得られる。セルスタック内部で炭化水素を水素と一酸化炭素に改質できる（内部改質）ため、都市ガスや灯油を直接利用でき改質器が不要である。さらに、一酸化炭素も燃料として利用できる。排熱を蒸気として回収でき、コージェネレーションとして利用する場合には暖房や給湯だけでなく、吸収式冷凍機と組み合わせて冷房も可能となる。大規模システムでは、後段にガスタービンを組み合わせ、より高いシステム効率を得ることもできる。

　一方で、高温による材料の熱膨張への対応が課題となる。電解質と各極は異なった材料で構成されているが、それらの熱膨張の差が十分小さくないと破損してしまう。特に、インターコネクタは異なった材料間を接合するため、各材料の熱膨張に対応できる必要がある。

　SOFCは、先に述べたように大規模火力発電所の代替として開発が始められたが、現在では、住宅向けから産業用まで幅広い用途への応用が

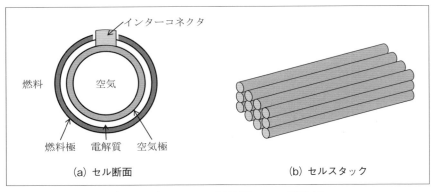

〔図1-19〕SOFCの円筒形セルの構造例

期待されている。まず一番小規模な住宅向けシステムが実用化され、将来、MW級の開発を目指し、少しずつ規模を大きくして研究が進められていく見込みである。

5.2.5 溶融炭酸塩形燃料電池（MCFC）

MCFCは溶融した炭酸塩を電解質として用いる高温動作の燃料電池である。電解質板は炭酸塩をしみこませたマトリックスであり、それを空気極と燃料極とで挟む。内部改質が可能であることや一酸化炭素を燃料として使用できることなどはSOFCと同じである。特徴は、二酸化炭素を介して反応を生じ、空気極に二酸化炭素の供給が必要なことである。供給した二酸化炭素は燃料極から回収される。この反応により二酸化炭素の濃縮が可能となる。

発電効率が高く、大規模な火力発電所の代替を目指して開発が進められている。特に、二酸化炭素の濃縮が可能であることから、二酸化炭素分離回収プラントとしての機能にも期待がなされている。

参考・引用文献

1) エヌ・ティー・エス：「スマートエネルギーネットワーク最前線」, エヌ・ティー・エス, p.199, 2012年.
2) 独立行政法人 産業技術総合研究所：「きちんとわかる燃料電池」, 白日社, p.263, 2011年.

6. 蓄電池

電力貯蔵とは、電力の形でエネルギーの出し入れを行うエネルギー貯蔵（Energy Storage）である。電力系統では、発電と途中の送配電ロスを含む消費が常にバランスしていなければならないが、その需給バランスを保つために活用されている技術である。

エネルギーのため方には、物質の位置エネルギーや運動エネルギーでためるものから、化学的な手段で電気をためる蓄電池まで多様なものがある。

6.1　揚水発電

　揚水発電はポンプアップ機能のある水力発電設備の事で、日本では電力会社の発電設備の10％近い比率を占めている。特に、原子力発電を中心とした昼夜連続的に運転する大型電源の投資が盛んだった頃には、並行して多くの揚水発電所が建設され、"負荷平準化"として電力会社が積極的に建設してきた。現在は、国内で40か所強の揚水発電がある。

　一般にはダムなどで作った、ダム湖など二つの貯水場の高低差を利用して、電力の貯蔵、発電を行うものである。世界初の揚水発電はスイスにおいて19世紀の終盤に作られている。日本での最初の揚水発電所は、昭和9年に池尻川発電所としてできたものが最初とされている。現在では、1000MWクラスの揚水発電所も建設されており、また、ためられる電力量も数時間規模となっているため、大規模な電力貯蔵技術として確立した技術となっている。沖縄では、平成11年より世界で初めての出力30MWの海水揚水実証プラント（沖縄やんばる海水揚水発電所）を稼動させている。

6.2　蓄電池

　蓄電池は化学的にエネルギーを蓄積するもので、何度も充電・放電を繰り返すことができる電池を二次電池あるいは蓄電池と呼んでいる。

6.2.1　鉛蓄電池

　鉛蓄電池は正極（陽極板）に二酸化鉛、負極（陰極板）には海綿状の鉛、電解液として希硫酸を用いた二次電池である。一般的にガソリン車のバッテリーとして使われているほか、ビルなどの非常用電源として大型の定置式蓄電池が商用化している。

　最近では、耐用年数17年の風力などの再生可能エネルギーとの組合せでの利用を見越した長寿命の鉛蓄電池の開発が進み、新エネルギーの変動吸収などの用途が期待されている（図1-20）。

6.2.2　NAS電池

　NAS電池は正式にはナトリウム硫黄電池と呼ばれ、負極がナトリウム、正極に溶融した硫黄を使い、セパレータとしてβアルミナを使ったセラミックが使われる電池である。最初は、ABBが開発し、日本の

複数の企業がライセンスを受けて技術を改良し、そのうち東京電力と組んで開発を進めた日本ガイシが現状、商品化に成功している。

NAS電池は、自己放電がない、エネルギー密度が高く鉛蓄電池に比べてコンパクトである、ありふれた物質で作られているという利点がある反面、350℃の高温動作のため温度管理が必要である、火災が発生した場合には消火が難しいなどの短所もある。

従来は負荷平準化用に開発された電池であるが、最近では新エネルギーの変動吸収にも利用されている（図1-21）。

〔図1-20〕ロスアラモスのスマートグリッドに使われている鉛蓄電池

〔図1-21〕ロスアラモスに設置された1MW NAS電池

6.2.3 レドックス・フロー電池

レドックスフロー電池は、イオンの酸化還元反応を利用し、タンクに貯めた二つの水溶液を循環させて、イオン交換膜間で電荷をやり取りすることで電池の機能を果たすものである（図1-22）。ムーンライト計画の時代は、鉄クロム系のレドックスフロー電池が使われていたが、その後オーストラリアのライセンスを受けて、二つのグループがバナジウム系に切り替えて研究を継続し、性能を向上させた。現在、日本では住友電工などが事業を行っている。

レドックスフロー電池は、タンクとセルの組み合わせでkW、kWhの組合せの自由度の高い設計ができ、自己放電がなく、また充電した電力量が計測できる唯一の電池である。一方で、エネルギー密度が低いため装置が大きくなる点などに課題がある。

6.2.4 亜鉛臭素電池

亜鉛臭素電池はオーストラリアのマードックス大学で開発された電池で、負極が亜鉛正極活物質が臭素を使う電池である、低コストの電池が期待されたため、過去に日本でも技術開発に参加した企業がある電池である。しかし、亜鉛電極特有のデンドライトと呼ばれる針状に亜鉛が析出して、セパレータを破る問題が解決できず、寿命延伸ができなかった経緯がある。その後、アメリカの2社がフロー電池として事業化している。

〔図1-22〕苫前の風力発電用蓄電実証でのレドックスフロー電池電解液タンク

6.2.5 ニッケル水素電池

ニッケル水素電池は、正確にはニッケル水素化物電池（Nickel Metal-hydride Ni-MH）と呼ばれ、正極に水酸化ニッケル、負極に水素吸蔵合金、電解液に濃水酸化カリウム水溶液を用いている電池である。1990 年代に、それまで小型充電電池の主流を占めていたニッカド（ニッケルカドミウム）電池に換わるものして商品化した電池である。ハイブリッド自動車用の電池としても、使われている。

川崎重工業はギガセルという名前で大型ニッケル水素電池を開発し、東北の西目風力発電所での変動平滑化実験や、清水建設研究所でのマイクログリッド実験で実証を行っている。

6.2.6 リチウム二次電池

正極にリチウム金属あるいはリチウム金属酸化物を用い、負極にグラファイトなどの材料を用いる二次電池を指す。当初は、リチウム金属を使う電池が主流であったが、発火などの危険性が高く、1980 年代から、リチウム金属酸化物を用いるリチウムイオン電池へと移行しはじめ、1991 年にソニーなどから商品が市場に投入し始めた。その後、民生用電気用品、電動工具などでの利用が拡大し、世界的に生産が拡大している。

大型用途も注目されており、電気自動車、プラグインハイブリッド自動車用の電池として、電池メーカー、自動車メーカーでしのぎを削っているほか、NEDO でも 2006 年度から新エネルギー用の定置型リチウムイオン電池の開発も着手している。海外でも開発競争が盛んで、中国、韓国勢が脅威となる。

リチウムイオン電池では、当初は、コバルト酸リチウムが正極材料として使われていたが、コバルトのコスト高から脱コバルトの研究が進み、今では様々な正極材が登場している。これにより、リチウムイオン電池と一口に言っても、特性の違う様々な電池が登場している。また、形状も角型、円筒型、ラミネート型などある。

安全性確保のため、並列するセル群の電流をコントロールする電子回路を組み込みながら大型化するなどの、大型化に関する技術的な工夫も必要である。

7. 海洋エネルギー
7.1 海洋温度差発電

海洋温度差発電（Ocean Thermal Energy Conversion：OTEC）は、表層の温かい海水（表層水）と深海の冷たい海水（深層水）との温度差を利用する発電技術である。海洋の表層100m程度までの海水には、太陽エネルギーの一部が熱として蓄えられており、赤道に近い低緯度地方ではほぼ年間を通じて26～30℃程度に保たれている。一方、極地方で冷却された海水は海洋大循環に従って低緯度地方へ移動する。移動に従い、低温で密度が相対的に大きい極地方からの冷たい海水は深層へと沈み込む。結果的に、低緯度の海洋で、表層水と深層水の温度差が大きくなり、表層水と深層600～1000mに存在する1～7℃程度の深層水を取水し、温度差を利用して発電することが可能となる。

なお、海洋温度差エネルギーは、昼夜の変動がなく比較的安定したエネルギー源であり、季節変動が予測可能であるため、ベース電源として使え、計画的な発電が可能となる。

海洋温度差発電については、近年、世界的に再注目され始めたところであり、具体的な導入目標を掲げている国は少ないが、近年フランスや米国、台湾などで研究が盛んとなっている。特に、米国ハワイ州は同州の再生可能エネルギーの導入計画の中で、海洋温度差発電を2030年までに365MW以上導入する目標を掲げている。

7.2 波力発電

波力発電は、波のエネルギーを利用した発電システムで、約1世紀にわたる技術開発の歴史がある。波力発電システムは主に振動水柱型、可動物体型、越波型の3種類に区分される。また設置形式の観点からは、装置を海面または海中に浮遊させる浮体式と、沖合または沿岸に固定的に設置する固定式とに分けられる。

世界的な波力発電の適地は、北大西洋、北太平洋、南米の南岸、南オーストラリアの海域に大きな波力エネルギーが存在している。特に緯度の高い欧州周辺の波力エネルギーは50～70kW/mと比較的高い値を示している。導入に積極的な国としては、英国が2020年までに波力発電

と潮汐発電の合計で 1～2GW の導入が可能とし、アイルランドは、海洋エネルギーを 2012 年までに 75MW、2020 年までに 500MW 導入する目標を設定している。

8．地熱
8.1　地熱発電の概要
8.1.1　地熱発電の3要素

　地熱発電とは、地下に溜まっている高温の熱水（気体と液体を合わせて熱水という）をボーリングによって取り出し、その蒸気または熱を利用してタービンを回転させて発電するものである。発電の原理は火力発電と同じであり、燃料を必要としない点だけが異なる。地熱発電では天然の熱水を直接利用することから、地下の熱・水・空間の三つが必要であり、地熱の3要素と言われる。空間には、熱水を溜めて逃がさない構造も含まれる。

　地球は中心部に近いほど高温であるため、深く掘れば高温が得られる。しかし通常の地下温度勾配（平均 30℃/km）では、発電するほどの高温を得るには 5km 以上掘る必要がある。そのため現状では、地熱発電所の立地は、もっと浅いところで高温になる火山近傍がほとんどである。

　水に関してはほとんどが天水起源であることがわかっており、その水を溜める空間と通路のいずれも岩盤の割目である。多くは古い断層の破砕帯と考えられている。割目があるだけでは熱水が外部に流出してしまうが、熱水の成分が析出することによって細かい割目が塞がれ、ほぼ閉鎖的な貯留構造が形成される。このような条件が揃って初めて、地熱資源が利用可能となる。

　岩盤の温度は高いが割目がない場合、人工的に割目を造成して地表から水を注入し地下で加熱させて熱水として回収する方法がある。以前は高温岩体（Hot Dry Rock）発電と呼んだが、最近では水の量が不足している場合などを含めた広い意味で Engineered（または Enhanced）Geothermal System（EGS）と呼ぶ。割目の造成には水圧破砕を用いるが、完全にコントロールするのは難しく、この方法は実用化までいま一歩の段階にある。

いずれにしても、岩盤の割目に熱水が安定的に溜まっている場合、その内部では対流が起きており、温度は比較的均質である。このような場所を reservoir（貯留槽、貯留層、熱水溜まり）と呼ぶ。天然の貯留槽にはわずかな隙間があって、熱水が温泉や自然噴気となって漏れ出す一方、天水が供給される開放的循環系を形成する。EGS における人工貯留槽ではこのほかに、人工的に水を注入し取り出す経路が加わる。このような循環系を hydrothermal system（熱水系）と呼ぶ。

8.1.2 地熱発電所の概要

発電を行うには、地表から貯留槽までボーリングを掘削することにより熱水を取り出す。これを生産井といい、深さは通常 1000～3000m 程度である[1]。貯留槽はほぼ閉鎖環境であることと岩盤圧がかかっているため、内部の熱水は 100℃ を超えても液相の比率が非常に高い。生産井の掘削により地表と通ずると、減圧のため液相が沸騰する。したがって地表に出た段階の熱水は、通常は液相と気相の混在する二相流である。これを遠心式のセパレータに通して液相と気相を分離し、気相をタービンに送る。天然蒸気であるため温度・圧力が自由にコントロールできず、また火山性ガスなどの成分を含むことが多いので、タービンの設計は火力発電とは少々異なるが、発電機から送電側は火力発電と同じである。タービンで使用した後の蒸気は復水器で冷却して温水とし、タービン前で分離した液相と合わせて全量を地下に戻す。そのために生産井とは別のボーリング掘削が必要で、こちらを還元井という。還元井は生産井とは少し離れた場所に掘削し、還元による貯留槽の温度低下を防ぐとともに、天水の供給と合わせて循環系の一部を構成するように設計する。実際には還元した水が貯留槽へ流入しているか確認するのは難しいが、還元位置や量を変えると生産熱水量が変動するなどの影響がみられる場合も多い。還元井の位置や深さはその場所の地下構造に応じて決められる。調査段階の坑井（ボーリング坑）を還元井や生産井に転用することも多い。

8.1.3 地熱発電の種類

図 1-23 の通り、地下に存在する熱水を掘り出すだけという単純な原理の地熱発電であるが、熱水の温度や気液比率などによりいくつかの種

類に分けられる。大まかには、高温蒸気を直接利用する方法と、水より沸点の低い媒体に熱交換するバイナリーサイクル方式がある[2]。

(1) 蒸気発電

　生産井から得られた熱水の蒸気成分をそのままタービンに送る方法を、蒸気発電と通称する。蒸気発電においては、圧力を確保するため、熱水の温度が生産井出口でおおよそ200℃以上あることが一つの目安となる。

　前述の通り、生産井から地表に出た熱水は通常は二相流であるが、液相が非常に少なくほとんど気相である場合、そのままタービンに送ることができる。この方法をドライスチーム式という。そうでない場合は、セパレータで分離した気相のみをタービンに送る。これをシングルフラッシュ式という。ここで分離した液相をさらに減圧すると蒸気が得られる。これを初期の気相と合わせてタービンに送る方法をダブルフラッシュ式という。ここで分離した液相をさらに減圧して蒸気を得るトリプルフラッシュ式もあるが、ダブルフラッシュ式と比べて効率がそれほどよくはならないため、あまり使われない。

　このほか、タービン出口に復水器を設置せず、排気をそのまま大気中

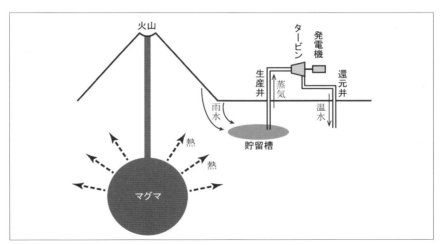

〔図1-23〕地熱発電の原理

に放出する背圧式もある。上記3種類よりも発電効率は劣るが、構造が単純で比較的低圧でも発電が可能なため、小規模な発電に用いられる場合がある。

(2) バイナリーサイクル式発電

生産井から得られる熱水が上記の温度に満たない場合、水よりも沸点の低い液体（二次媒体）に熱交換して沸騰させ、その蒸気でタービンを回転させて発電することが可能である。これがバイナリーサイクル式発電で、地熱発電に限らず高温の排水が出る工場などですでに利用されているものと同じである。二次媒体としては、アンモニア水・ペンタン・代替フロンがよく利用される。二次媒体の種類にもよるが、熱水の温度はおおよそ70℃以上あれば発電が可能である。すなわち、70℃以上の高温の温泉があれば、その温泉水を利用してバイナリーサイクル発電を行うとともに浴用適温近くまで温度を下げることができる。これを特に温泉発電という。また、蒸気発電を行った残りの熱水を利用してバイナリーサイクル発電を行うことも可能である。

なお、EGSにおいては人工的に水を注入して循環させるため、貯留槽での水の滞留時間が短く十分に熱せられない。したがって生産井から

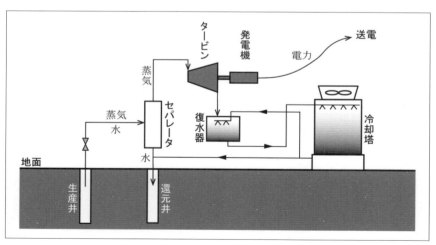

〔図1-24〕シングルフラッシュ式発電

得られる熱水の温度は低めで、これまで実験的に行われた発電ではバイナリーサイクル式が採用されている。
(3) その他
　これも地熱に限らないが、半導体を用いた熱電発電を地熱に適用することができる。70℃未満の温泉でも発電が可能である。

8.2　地熱発電の特徴と課題

　地熱発電の最大の特徴は、水力発電と並ぶ出力安定性である。原理的に気象・昼夜・季節の影響を受けることがない。地熱発電所の稼働率は70%程度と言われるが、これはトラブルなどで停止したものも含めた平均値で、特にトラブルがなければ90%以上となる[1]。

　また燃料を必要とせず、使用後の熱水は全量を地下に還元するため、排出物がほとんどなく、CO_2排出量はkWhあたり15g[3]で水力発電と同程度に少ない。熱水の冷却時に若干の水蒸気と、火山性ガスを含む場合はそのガスを大気中に放出するが、その量は自然噴気よりも少なく、H_2SやSO_2を含む場合は脱硫装置により回収する。また還元する前の熱水から清水に熱交換して、その熱を利用することも可能である。いわば天然のコジェネレーションである。

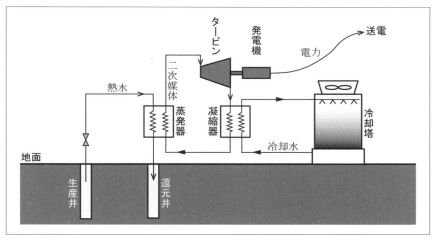

〔図1-25〕バイナリーサイクル式発電

コスト面を除く技術的課題も少なく、現時点で主な課題は次の2点である。

(1) 適正出力評価

熱はほぼ無尽蔵と考えてよいので、発電所も含めた系全体として水収支が合うように設計する必要がある。発電所の設計時に出力を過大評価すると、水の供給が不足し熱水の枯渇を招く。したがって、最初は出力を少なめにして、蒸気量が確保できれば順次出力を増やす方法が主流になりつつある。

(2) 蒸気減衰対策

生産井は経年的に蒸気生産量が減衰する場合が多いが、その原因は主にスケール（析出物）と水収支、まれに坑内崩落・破損などである。スケールについては浚渫や溶解剤投入、水収支については設計時の適正出力設計、また還元・注水による涵養などの対策を行う。スケールが多すぎたり崩落などで復旧できない場合は代替井を掘削する。坑井の耐用年数は地域差が大きく、スケールの元となる溶存成分が少ない場合は30年以上使えることもある。

8.3 地熱発電の現状と動向

8.3.1 発電所の現状と地下資源量

日本には2012年時点で17か所の地熱発電所があったが、自家発電を中心に小規模なバイナリー式発電所などが増えつつある[8]。表1-7に主な発電所を示す。2015年現在、国内の地熱発電設備容量は約520MW[8]、電力需要の0.3%を供給する[9]。外国でも、熱源の制約から、地熱発電所を持つのはほとんどが火山国である。イタリアでは1904年に世界初の地熱発電実験が行われ、1913年に商業発電を開始した[1]。米国からメキシコにかけての太平洋側は日本以上の火山地帯であり、2015年時点で世界最大の地熱発電設備容量を持つのは米国である。設備容量で世界第2位はフィリピンで、インドネシアが近年急速に開発を進めて第3位となった。日本は世界第9位である[10]。

次に資源量の試算であるが、地熱は地下資源であるから賦存量と可採量がある。賦存量は技術的に算出することは可能だが、地下の熱量を正

確に把握することは不可能であるため、不確定要素が大きい。公表されている賦存量は試算値程度に考えておいたほうがよい。環境省の推計によれば、150℃以上の熱水資源の賦存量は2357万kWである[5]。これは国別にみて世界第3位となり、試算値が変わってもこの順位はおそらく変わらないと考えられている。

可採量は、技術やコスト、社会情勢によって大きく変化する。たとえば半導体発電が普及レベルになれば可採量は飛躍的に増えるであろう。あるいは化石燃料が枯渇してくれば地熱開発のコストは相対的に下がることになる。とはいえ、日本の地熱資源をすべて開発したとしても、地熱発電が供給できるのは現在の消費電力量の10%程度が最大ではないかとの見方が多い。

〔表1-7〕日本の地熱発電所一覧（出力10MW以上）[8]

名称	所在地		設備容量	方式	開始年
森	北海道森町		25MW	DF	1982
澄川	秋田県鹿角市		50MW	SF	1995
上の岱	秋田県湯沢市		28.8MW	SF	1994
松川	岩手県八幡平市		23.5MW	DS	1966
葛根田	岩手県雫石町	1号機	50MW	SF	1978
		2号機	30MW	SF	1996
鬼首	宮城県大崎市		15MW	SF	1975
柳津西山	福島県柳津町		65MW	SF	1995
滝上	大分県九重町		27.5MW	SF	1996
大岳	大分県九重町		12.5MW	SF	1967
八丁原	大分県九重町	1号機	55MW	DF	1977
		2号機	55MW	DF	1990
大霧	鹿児島県霧島市		30MW	SF	1996
山川	鹿児島県指宿市		26MW	SF	1995

SF：シングルフラッシュ
DF：ダブルフラッシュ
DS：ドライスチーム

8.3.2　地熱発電の歴史と動向

　日本では 1925 年に初めて別府で発電実験が行われ、営業運転は 1966 年の松川地熱発電所が最初である[1]。その後、第一次・第二次オイルショックを受けて石油代替エネルギーの研究開発が本格化し、地熱調査も全国的に実施されて、主な有望地はこの段階で判明している。しかし有望地は火山近傍であるため、その約 8 割が国立公園・国定公園内に位置し[6]、自然公園法による開発規制の対象となった。このことから、オイルショック当時に特例的に認められた地点や、自然公園を外れた少数の地点で、1990 年代までに発電所の運転開始にこぎつけたほかには、開発が進まなかった。

　2011 年 3 月 11 日に発生した東北地方太平洋沖地震とそれに伴う津波により福島第一原発が壊滅的な被害を受けたことは大きな転機となった。ほとんどの原発が停止し、代替電源の確保が急務となったことから、再生可能エネルギーのうちでも特に安定性に優れてベースロード電源たり得る地熱発電が注目された。環境省はその少し前から国立公園内への傾斜掘りなどの規制緩和を検討していたが、本格的な緩和の方針を決めた。また経済産業省も再生可能エネルギー全般について、手続きの簡素化や固定価格買取制度などの推進策を決めた。これを受けていくつかの地熱有望地点で発電に向けた調査が始まっている。また小規模で設置が簡単な温泉発電も注目され、小型バイナリーサイクル発電ユニットが商品化されるなどして、積極的に導入しようとする温泉地も増えている。

　外国の最近の動向としては、地球温暖化対策として CO_2 排出量の少ない地熱発電が推進される傾向にある。

8.4　地中熱

　いわゆる地熱とは違い発電技術でもないが、省電力技術として注目されている地中熱[7]について簡単に触れておく。

　地下数 m から数十 m 程度の深さの地温は、気温の日変動や季節変動の影響を受けず、年間を通して一定である。緯度によって異なるが、日本では 15℃ 前後である。この深さの地下水を利用、または地層にパイプを通して流体に熱交換すれば、冷暖房や融雪に利用できる。ヒートポ

ンプを併用すれば給湯にも利用できる。このような熱利用形態を地中熱と呼ぶ。地中熱の利点は特に冷暖房にあり、熱の移動が常に高い方から低い方へ向かうため消費電力が少ない。通常の空気熱源エアコンと異なり、冷房時に熱気を排出しないため、ヒートアイランド現象を起こさない。また暖房時に霜取り運転が不要であるため、特に寒冷地で暖房効率がよい。このことからヨーロッパではかなり普及が進んでいるが、日本でも東北地方太平洋沖地震と原発事故による節電の必要から注目され、導入例が急速に増えつつある。

　設備としては、70～100m程度のボーリングを行い、熱交換パイプを埋設して水や不凍液に熱交換し、ヒートポンプで補助するシステムが主流である。大型の建物では専用のボーリングを行わず、基礎杭に熱交換パイプを設置する方法もある。熱交換媒体に不凍液を用いるのは、冬季に地上部分での凍結を防ぐためである。地下水を汲み上げて利用する方法は地盤沈下の原因となる可能性があるため、あまり使われていない。最近では一般住宅向けに、1～5m程度掘り下げるだけの簡易タイプも普及してきた。さらに、地層を蓄熱体として能動的に利用する研究も行われている。

参考文献
1) 社団法人火力原子力発電技術協会：「地熱発電の現状と動向2010・2011年」、99pp、2012年．
2) 湯原浩三（監修）：「地熱開発総合ハンドブック」、1109pp、1982年．
3) 電力中央研究所：「日本の発電技術のライフサイクルCO_2排出量評価－2009年に得られたデータを用いた再推計－」、96pp、2010．
   http://criepi.denken.or.jp/jp/kenkikaku/report/detail/Y09027.html
4) 資源エネルギー庁：「平成22年度エネルギーに関する年次報告」（エネルギー白書2011）
   http://www.enecho.meti.go.jp/topics/hakusho/2011energyhtml/index.html
5) 環境省：平成22年度再生可能エネルギー導入ポテンシャル調査報告書．http://www.env.go.jp/earth/report/h23-03/

6) 村岡洋文他：「日本の熱水系資源量評価2008」、日本地熱学会学術講演会講演要旨集、B01、2008年.
7) 地中熱利用促進協会．http://www.geohpaj.org/
8) 日本地熱協会：日本の地熱発電所．
   http://www.chinetsukyokai.com/information/nihon.html
9) 石油天然ガス・金属鉱物資源機構：日本の地熱発電．
   http://geothermal.jogmec.go.jp/geothermal/japan.html
10) 石油天然ガス・金属鉱物資源機構：世界の地熱発電．
    http://geothermal.jogmec.go.jp/geothermal/world.html

9．バイオマス

　バイオマスエネルギーは、廃棄物系バイオマスや未利用系バイオマスを収集・運搬し、また、資源作物を栽培し、バイオマス資源を物理的、熱化学的、生物化学的に気体燃料、液体燃料、固形燃料などに変換し、熱、電気エネルギーとして利用するものである。バイオマスエネルギーは、非常に多様であるので体系化が難しいとされているが、NEDOでは新エネルギー白書[8]の中で、技術の構成として、原料栽培・収集・運搬（貯蔵含む）、エネルギー変換技術、一般廃棄物処理関連技術、バイオリファイナリー（化成品製造）に大別し、さらにエネルギー変換技術を、「物理的変換」、「熱化学的変換」、「生物化学的変換」の三つに区分している。また、NEDOでは、一般廃棄物処理関連技術を別立てにして定義しており、その背景としては一般廃棄物処理では100％バイオマスを想定したものではないことなどを挙げている。

　現在、日本のバイオマス資源のほとんどは廃棄物系資源であり、製材残材、建築廃材などの木質系バイオマス、黒液などの製紙系バイオマスが主流である。工場などで発生する廃棄物系バイオマスをオンサイトで利用する場合には、比較的効率的に原料を収集・利用することが可能であるが、国内に広く薄く分布する森林バイオマスなど未利用系資源については、収集コストや利用技術の低コスト化に課題がある状況とされている。一方で、海外諸国の一部ではエネルギー利用を前提としたバイオ

マス資源(生産資源)の生産が行われており、我が国の次世代バイオ燃料の実用化段階では、国内の未利用資源の利用拡大をはかるとともに、海外においてバイオ燃料を製造し輸入する、いわゆる「開発輸入」の推進が不可欠であるとされている。

　バイオマスは、発電用に使用する場合には、燃料が貯蔵できるため出力が調整できる発電設備になる。交通分野で使われる可能性も示唆され、EUでは2020年までに輸送用燃料の10%を再生可能燃料とすることを規定、米国は2022年までの再生可能燃料(バイオ燃料)の導入目標量を360億ガロン(約1億1400万kL)としている。日本では、エネルギー基本計画にて2020年にガソリン消費3%以上のバイオ燃料導入が示される。

参考文献
1) NEDO　再生可能エネルギー技術白書　第2版(2014.2)
　　http://www.nedo.go.jp/library/ne_hakusyo_index.html

第Ⅱ編
要素技術

第1章 電力用半導体とその開発動向

1．電力用半導体の歴史

　1957年に最初の電力用半導体であるシリコン整流器（サイリスタ）がゼネラル・エレクトリック社（GE社）から商品化された。これがきっかけとなり、代表的なパワーエレクトロニクス技術であるインバータの研究が盛んに行われ、電力用半導体の高性能化も進められた。1970年代にはユニポーラ・デバイスとバイポーラ・デバイスともに多くの研究が行われ、パワーMOSFETやゲート・ターンオフ・サイリスタ（GTO）、そして絶縁ゲート型トランジスタ（IGBT）など、現在主流となっている多くの電力用半導体が開発された（図2-1）。1990年以降は、特にパワーMOSFETとIGBTが家電、情報通信技術（ICT）、自動車、産業用機器および電力設備など多くのパワーエレクトロニクス用途で使用されるようになった。MOSゲート構造によりスイッチングの高速化とゲートドライバの小型化を実現したIGBTにより、バイポーラトランジスタは短期間でIGBTに置き換えられた。

　MOSゲートを用いた数kVクラスの高耐圧・大容量デバイスの研究開発は、GTOの置き換えをターゲットとし1990年代初頭に始まった（図2-2）。候補として提案されていたのは、内部にサイリスタ構造を有し、電子およびホールの両方が高抵抗ベース層に注入されることで低抵抗化が期待されていたMOS-コントロールド・サイリスタ（MCT）やエミッタ・スイッチド・サイリスタ（EST）であった。しかし両者とも、ター

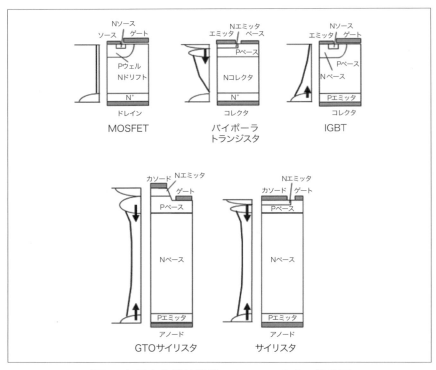

〔図2-1〕電力半導体構造とキャリア分布の概念図

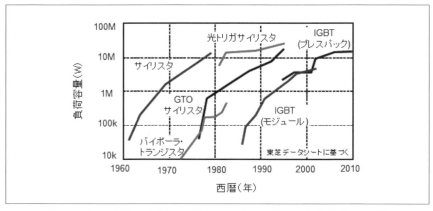

〔図2-2〕高耐圧・大電力電力用半導体の種類と負荷容量の変遷

ンオフ時の破壊により十分な性能が得られず、広く使われるには至らなかった。高耐圧・大容量クラスで最終的に主流となったのは、IGBT である。IGBT は当初、少数キャリアであるホールが P エミッタから注入されるバイポーラトランジスタの動作原理で理解されていたため、原理的に高耐圧化は困難であると思われていた。しかし MOS ゲート構造の新しいアイデアが日本より提案され、電子の注入量が飛躍的に向上し蓄積キャリアを増加させることに成功した(電子注入促進効果)。

導通時の電圧降下低減などパワー半導体の低損失化の効果により電力変換器の高効率化が進んでいるものの、パワーエレクトロニクス機器の効率はすでに 100% に近く大幅な高効率化が難しいことと機器の小型化が大きなインパクトを持つことから、効率のほかに単位体積あたりの出力電力であるパワー密度が電力変換器の評価指標として使われている。パワー密度は、パワー半導体の低損失化に伴う冷却機構の小型化と高速化に伴うインダクタやキャパシタなどの受動部品の小型化により、この 40 年間で約 3 桁上昇している(図 2-3)。

2．IGBT の高性能化

IGBT はゲート端子に電圧を印加し制御するスイッチングトランジス

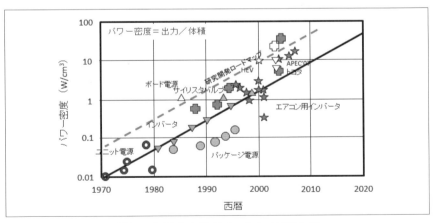

〔図 2-3〕電力変換器のパワー密度上昇

タである。高耐圧パワー MOSFET を超える大電流化が可能であることから、(ハイブリッド電気自動車) HEV や大容量電力変換器に用いられている。また IGBT はバイポーラトランジスタよりも速いスイッチング速度とサイリスタ並みの導通特性を併せ持つ。

1980 年代半ばにラッチアップによる破壊を防止した構造を採用した IGBT が製品化されて以来、IGBT はデバイス性能と作製コスト削減の面で技術的に大きな進歩を遂げた(図2-4)。この結果、IGBT のチップ電流密度は 1990 年から 2 倍以上高くなり、チップの実効面積を半減しても同じ電力をスイッチングできるようになった。この性能向上は、主に電子注入促進効果など IGBT セル構造の最適化、トレンチゲート構造の導入、縦型 IGBT 構造の薄型化、裏面ホールの注入制御による効果が大きい。

最初に製品化された IGBT は表面にプレーナ DMOS 構造がある縦型パンチスルー(PT)構造であったが、1980 年代後半にはノンパンチスルー(NPT)構造も提案された。1990 年頃には、IGBT のパッケージ内にゲートドライブ回路を内蔵したインテリジェントパワーモジュール(IPM)

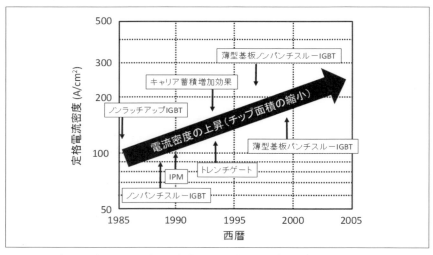

〔図2-4〕IGBT の電流密度上昇と主要なブレークスルー技術

が開発された。1990年代初頭、低圧パワーMOSFETの劇的なオン抵抗の低減を牽引したトレンチゲート技術がIGBTにも導入され、IGBTでも新たな設計による導通損失が可能となった。

IGBT用のトレンチゲート構造は深くて広い間隔を持ち、Pベースに逆注入されるホールを減少させ、電子注入促進効果により大幅にエミッタ側の電子注入量を増やす（図2-5）。これによりMOSチャネル抵抗がわずかに増加するが、Nベース部分の抵抗が大幅に低減される。特に高耐圧IGBTでは非常に有利に働くためこの構造が一般的に用いられている。同様の効果を生む構造として、PベースとNベースの境界にN型層を形成し、ホールの逆注入電流を抑制して電子注入を増加させる方法もある。これらの二つのキャリア蓄積量増加のアプローチは、理論的にPiNダイオード並みのキャリア蓄積を実現するために最近のIGBTに広く適用されている。

トレンチゲート構造に加えて、薄型シリコン基板技術により、電流の導通距離を短くすることができるようになり、さらなる高性能化が進んでいる。発達の経緯は以下の通りである。IGBTが製品化された当初、

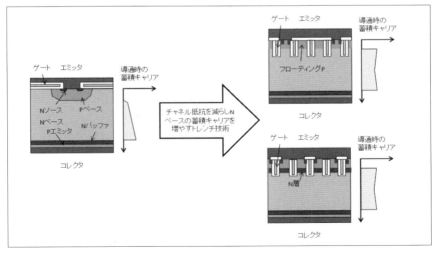

〔図2-5〕トレンチゲート構造によるIGBTの高性能化

パンチスルー IGBT (PT-IGBT) と呼ばれる構造が一般的に用いられていた。この構造では高濃度のP型基板の上に高濃度のNバッファと低濃度Nベース層をエピタキシャル成長により形成し、その表面にPベースならびにMOSゲート構造を形成したものである。PT-IGBTではNバッファ層が電界ストップ層（フィールドストップ層）の役割をする。すなわちNバッファがわずかに空乏化する際の空間電荷により高電界が打ち消されPベースとNベースによる主接合から伸びる空乏層が裏面の高濃度P基板に到達せず、十分な耐圧を持たせることができる。この構造では低濃度Nベース層を薄く形成できるため、導通特性がよいという特徴がある。

一方でPT-IGBTは裏面と高濃度Pエミッタ層から大量のホールが注入されるため、必要以上のキャリアが蓄積され、ターンオフ時に長いテール電流を引くという欠点がありスイッチング損失が大きくなる。この問題を解決するために、キャリアライフタイムを意図的に短くし、ターンオフ時のテール電流期間を短くする技術が用いられた。具体的には、形成したチップに電子線、陽子線、ヘリウム線を照射させシリコン結晶に欠陥を作ることで、デバイス内部の電子とホールの消滅を促進させた。

PT-IGBT実用化の直後にノンパンチスルー IGBT (NPT-IGBT) が発表された。NPT-IGBTはフローティング・ゾーン法という方法で製造されたFZウェーハを用い、エピタキシャル成長が不要となり製造コストを低減できる構造である。NPT-IGBTはNバッファ層を持たないため、長いNベースが必要である。このため導通特性はPT-IGBTに比べると見劣りがする。しかしPエミッタがインプラおよび拡散により形成されるため、ホール注入量をデバイスの製造時に低濃度のPエミッタ構造を採用することで十分下げることができるため、PT-IGBTにみられる長いテール期間が発生しないという特徴がある。

縦型パワー半導体の薄型基板プロセスは1990年代の後半から急速に進歩し、100ミクロン程度の薄いウェーハ（基板）を用いた1200V-IGBTが開発されるようになった。薄型基板IGBTは従来のPT-IGBTが持つ短いNベース層による低い導通損失とNPT-IGBTが持つ短いテール電

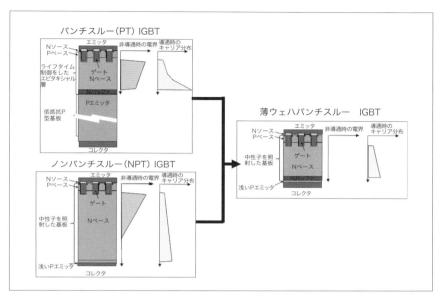

〔図2-6〕薄型基板技術によるIGBTの高性能化

流期間の両方の利点を組み合わせることで、導通損失、ターンオフ速度、そして抵抗の温度係数のすべてにおいて理想的な特性に近づいた（図2-6）。

IGBTは高性能化とともに省エネ技術普及への期待から低コスト化（量産性向上）も求められている。

3．スーパージャンクションMOSFET

スーパージャンクションMOSFETは、従来のシリコンパワーMOSFETでは限界といわれていた特性をシリコン半導体技術自体で破ったまだ新しい素子である。このパワーMOSFETの特徴は、断面構造にある。通常は均一濃度のN型層であるドリフト層が、スーパージャンクションMOSFETでは高濃度のP型および高濃度N型のストライプ構造を持つ断面構造が特徴であり、ドレインに数十Vの電圧が印加されると、隣り合うストライプ形状のN型層とP型層が完全に空乏化す

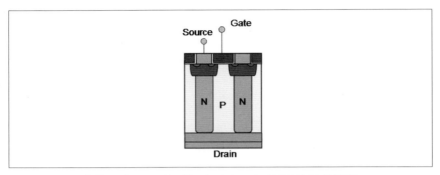

〔図2-7〕スーパージャンクションMOSFETの構造

る(図2-7)。この際P型層とN型層の空間電荷が相互にキャンセルして疑似的に電荷中性になる。このため一旦空乏化するとドリフト層全体に電圧がかかるため、高い耐圧を得られる。一方、容易に空乏化しやすい構造のため、ストライプ形状のN型層およびP型層を高濃度にすることができ、N型ストライプ層の抵抗を大幅に下げることができる。スーパージャンクションMOSFETは、従来のパワーMOSFETを置き換え、高耐圧パワーMOSFETの中心的な素子となった。現在600V耐圧のスーパージャンクションMOSFETで、チップ1平方センチメートル当たりの抵抗は10mΩ以下になってきており、従来型のパワーMOSFETに比べ抵抗が約十分の一に低減された。

4. ワイドバンドギャップパワー素子

　ワイドバンドギャップパワー素子は、半導体材料そのものを、高耐圧素子に適した物性値を持つ材料に変えることで、素子の特性を飛躍的に向上させる可能性を有する。材料物性値の特徴としては、バンドギャップが広いため、素子内部の電界を10倍高くすることができる。またリーク電流を非常に小さくできるため、原理的にシリコンに比べ高温での動作が可能である。
　臨界電界が高いことは、耐圧を持たせるドリフト層の厚みを図2-8のように非常に薄くできることを示している。この結果ドリフト長が短く

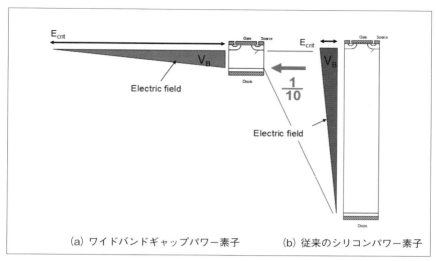

(a) ワイドバンドギャップパワー素子　　(b) 従来のシリコンパワー素子

〔図2-8〕ワイドバンドギャップパワー半導体の電界分布

なるだけではなく、高い電界に対応してドリフト層を約100倍高濃度にできるため、結果としてシリコンの従来型パワーMOSFETに比べて数百倍の抵抗低減が見込まれる。今後、コスト低減等の課題解決が必要とある。

5．パワー素子のロードマップ

パワー半導体のロードマップを示す（図2-9）。

① パワーMOSFETやIGBTなどシリコン電力用半導体は将来にわたって性能改善の可能性がある。

② シリコン・スイッチング素子とSiC還流ダイオードの組み合わせ（ハイブリッドペア）が、SiCの導入を促進するだけでなく、シリコン電力用半導体の高性能化を引き出す。

③ 耐圧が1000Vを超える領域では、SiCパワー素子（SiC-MOSFET）が一部のシリコンIGBT応用を置き換える可能性がある。特に高温環境での応用と高スイッチング周波数応用である。またシリコンでは実現困難な10kV以上の応用でもSiC-IGBTなどが活用される可能性が高い。

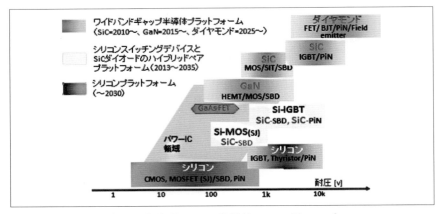

〔図 2-9〕先進パワー半導体のロードマップ

④窒化ガリウム電力用半導体が、現在横型シリコンパワー素子やパワーICが用いられている分野に用いられる可能性がある。
⑤ダイヤモンドが特に高電圧用途の新しいパワーデバイスに向けて潜在能力を持っている。
⑥極限 CMOS など先進半導体プロセスやデバイス技術のパワー応用展開に潜在的な可能性がある。

参考文献
1) H. Ohashi, I. Omura : "Role of Simulation Technology for the Progress in Power Devices and Their Applications", IEEE transactions on electron devices, 2013.

第2章 パワーエレクトロニクス回路

1．はじめに

　パワーエレクトロニクス回路は、電力用半導体デバイスのスイッチング作用を利用した電力変換を行う回路を指す。この電力変換とは、電圧・電流・周波数（直流を含む）・位相・相数・波形などの電気特性のうち一つ以上を変えることであり、これをスイッチングによって行うことで、原理上は電力損失を発生せず、高い効率が実現できる。このことは、エネルギーの有効利用の観点から望ましいだけでなく、損失の発生に伴う発熱の低減につながることから、装置の放熱責務を現実的な範囲に収めるためにも不可欠である。

　パワーエレクトロニクス回路には多くの種類があるが、入力と出力が直流であるか交流であるかの観点から分類すると、直流→直流、直流→交流、交流→直流、交流→交流の4種類がある。これらのうち、再生可能エネルギー発電システムにおいて用いられることが多いものとして、直流→直流の電圧の変換を行う昇圧チョッパ回路と、再生可能エネルギーで発生させた直流電力を商用の交流電力システムに供給するための直流→交流の電力変換や、可変速運転を行う交流発電機とのインターフェイスとして利用されるインバータを取り上げて、機能と動作原理の概要を説明する。

2. 再生可能エネルギー利用におけるパワーエレクトロニクス回路

再生可能エネルギー発電システムにおける電力変換の必要性としては、太陽電池や風車発電機の動作点を調整し、与えられた運転条件において可能な最大限の電力を得るための電力変換と、発生した電力を電力ネットワークに送り込むために接続するネットワークに適した形態への電力変換が代表例として考えられる。

前者の代表例は、太陽光発電における直流電力変換回路であり、太陽電池の電圧電流特性を日射量に応じて調整し、最大電力を取り出すことを可能とする。また、風力発電において、風速に応じて風車の回転数を最適に保ち、そのときの風速において得られる最大電力を発電するための発電機の制御が考えられる。この場合に、交流発電機を用いるシステムでは、インバータで発電機を可変速制御するが、電力の流れとしては交流から直流に変換する回生運転状態となる。

以下、本章では、再生可能エネルギー発電システムで利用される代表的なパワーエレクトロニクス回路として、昇圧チョッパと電圧形インバータの原理と機能について整理する。

3. 昇圧チョッパの原理と機能

図2-10に昇圧チョッパの回路構成を示す。この回路では、負荷に対して断続的に供給される電流の脈動分を吸収し、負荷電圧を平滑化するために、負荷と並列にコンデンサ C が接続される。

この回路で、スイッチSWは、制御信号でオンオフ制御が可能な

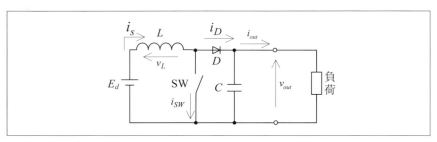

〔図2-10〕昇圧チョッパの回路構成

IGBTやパワーMOSFETなどのパワー半導体デバイスを示している。SWがオンのときは、直流電源E_d、インダクタL、SWからなる短絡回路が形成され、インダクタ電流（電源電流）i_sは直線的に増加する。また、SWがオフのときは、Lの電流が連続して流れようとするため、ダイオードDが導通し、E_d、L、Dの経路で電流が流れ、コンデンサCと負荷に流入する。流入した電流の一部は負荷に流れ、残りはCを充電する。Cが充電された状態で再びSWがオンすると、ダイオードDに対してCの電圧が逆電圧として印加されるため、Dは遮断状態となる。この期間では、負荷に対する電流はCに充電された電荷から供給される。一方、電源側では、E_d、L、SWの短絡回路が形成されるため、i_sは再び直線的に増加する。

次に、昇圧チョッパの各部の電圧、電流波形を図2-11に示す。この図では、SWを時間T_{on}だけオンした後、時間T_{off}だけオフにする動作を繰り返し、定常状態に達した場合におけるスイッチング3周期分について示している。

次に、インダクタLの電流（電源電流）i_sのスイッチング1周期における条件から、入出力の電圧の関係を求める。ここで、負荷と並列に接続するコンデンサCの静電容量がある程度大きく、スイッチング周波

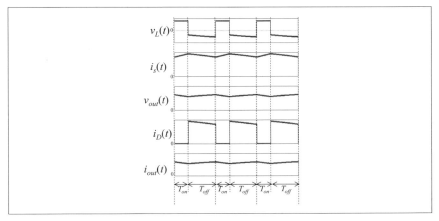

〔図2-11〕昇圧チョッパの定常状態における各部電圧電流波形

数がある程度高い場合を考えると、出力電圧 v_{out} は一定平滑と見なすことができ、その平均値を V_{out} とすると、インダクタの電流の定常状態での条件から、以下の関係が得られる。

$$\Delta i_s = \underbrace{\frac{E_d T_{on}}{L}}_{\text{オン期間の増加量}} + \underbrace{\frac{(E_d - V_{out}) T_{off}}{L}}_{\text{オフ期間の変化量}} = 0 \quad \cdots\cdots\cdots\cdots (2\text{-}1)$$

この式をさらに変形すると、以下のような入出力電圧の関係式が得られる。

$$V_{out} = \frac{T_{on} + T_{off}}{T_{off}} E_d = \frac{1}{1 - D_{SW}} E_d \quad \cdots\cdots\cdots\cdots (2\text{-}2)$$

ここで、D_{SW} は SW のデューティ比である。

以上のことから、(2-2) 式を定常状態における入出力電圧比(出力電圧／入力電圧 $= V_{out}/E_d$)で表すと以下のようになる。

$$\frac{V_{out}}{E_d} = \frac{1}{1 - D_{SW}} \quad \cdots\cdots\cdots\cdots (2\text{-}3)$$

(2-3) 式の関係を図 2-12 に示す。昇圧チョッパは、出力電圧を E_d を

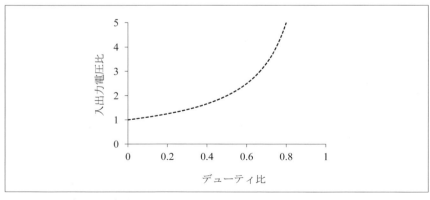

〔図 2-12〕昇圧チョッパのデューティ比と入出力電圧比

超える範囲で調整することが可能で、D_{SW} を 1 に近づけると、原理的には出力電圧を際限なく高めることができる。しかし、実際には、インダクタの巻線抵抗やパワー半導体デバイスのオン電圧の影響などにより、昇圧可能な出力電圧には限界がある。

次に、入出力の電流について考察する。定常状態における電源電流 i_s は、図 2-11 のように、SW のオン期間で増加し、オフ期間で減少する。このとき、i_s の時間変化が直線的であると考え、その平均値を I_s とする。このとき、ダイオードを通ってコンデンサと負荷の並列回路に流入する電流は、SW のオフ期間に i_s が流れ込むことによるものである。i_s の変化を直線的と考えれば、SW のオフ期間の i_s の平均値も I_s となる。SW がオンのときにはダイオードを通って流入する電流が 0 であることを考慮して 1 スイッチング周期全体にわたる平均値 I_D を求めると、以下のようになる。

$$I_D = \frac{T_{off}}{T_{on} + T_{off}} I_s = (1 - D_{SW}) I_s \quad \cdots\cdots\cdots\cdots\cdots\cdots\cdots\cdots (2\text{-}4)$$

また、定常状態におけるコンデンサの電流は 0 であるから、

$$I_D = I_{Load} \quad \cdots\cdots\cdots\cdots\cdots\cdots\cdots\cdots\cdots\cdots\cdots\cdots\cdots\cdots\cdots (2\text{-}5)$$

となる。したがって、負荷電流の平均値 I_{Load} は電源電流の平均値 I_s の $(1-D_{SW})$ 倍となり減少することがわかる。一方、(2-3) 式より、負荷電圧は電源電圧の $1/(1-D_{SW})$ 倍に昇圧されるので、電流の逆数倍になる。このことは、直流電源が供給する電力を、任意の電圧と電流の組み合わせに変換していることを意味している。これにより、太陽電池などの発電デバイスの電圧、電流の動作点を、最大電力が得られる電圧、電流の組み合わせとなるように調整する機能を実現することができる。

4．インバータの原理と機能
4.1　電圧形インバータの動作原理

電圧形インバータは、直流電源の電力を、周波数と電圧が可変の交流

電力に変換することができる。このため、交流モータ駆動用などの可変周波数可変電圧電源として利用でき、幅広い用途で使われている。また、電圧形インバータは、交流側電圧の周波数や大きさが可変であるということにとどまらず、電圧の位相や瞬時的波形さえも自在に調整できる任意電圧波形発生の機能を備えている。この任意波形の交流電圧を発生する機能を活かすことにより、交流電力系統に対する電力の授受を制御する機能を実現できる。再生可能エネルギー発電との関係では、交流電圧の大きさと位相を調整する機能を活かして、発電により得られた直流電力を交流電力に変換して交流電力系統に送り込む系統連系インバータとして使用することが最も主要な応用である。以下、主として系統連系インバータへの応用の観点から電圧形インバータについて説明する。

図 2-13 は、単相電圧形系統連系インバータの回路図である。容量の大きい場合は、三相インバータを用いて三相系統に接続される場合もあるが、ここでは単相の場合を例に動作原理を説明し、三相の場合については最後に簡単に触れる。図 2-13 の回路では、直流電源 E_d の発生する電力を交流電力系統の周波数の交流電力に変換し、連系リアクトル L_{ac} を介して交流電圧源 v_{ac} で表した交流電力系統に送り込む。ここで、図中のインバータの交流端子 a について考える。交流端子 a の電圧は、2個のオンオフ制御デバイス（図 2-13 では、IGBT として図示）Q_{a1} および Q_{a2} に相補的に与えるオンオフ信号（どちらか一方のみにオン信号を与える）により制御できる。たとえば、Q_{a1} にオン信号を与え Q_{a2} にオフ信

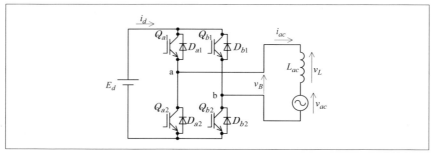

〔図 2-13〕単相電圧形系統連系インバータ

号を与える場合を考えると、交流電流が図中の i_{ac} の矢印の方向に一致するときは Q_{a1} に、反対方向のときは Q_{a1} に逆並列に接続されたダイオード D_{a1} に電流が流れる。いずれの場合も、電流が流れているときの Q_{a1} および D_{a1} のオン電圧が小さいと考えると、交流端子ａ点は直流電源 E_d の正側の端子と同電位となる。同様に、Q_{a2} にオン信号を与え Q_{a1} にオフ信号を与える場合は、交流端子ａ点の電位は直流電源 E_d の負側の端子電圧に一致する。以上より、この二つの状態の継続時間の比率を調整する、すなわち、この端子に接続される上下どちらのオンオフ制御デバイスにオン信号を与えるかの時間的な比率を変化させることにより、インバータの直流側を基準とした交流端子ａの電圧の平均値が調整可能であることがわかる。また、同様に、交流端子ｂの電圧は、この端子に接続される Q_{b1} および Q_{b2} に与えるオンオフ信号の時間的な比率を変化させることにより、調整可能であることがわかる。

以上の原理をもとにした単相電圧形インバータの制御法の代表的な実現法として、三角波キャリア比較方式のパルス幅変調（PWM）の原理図を図 2-14 に示す。この方式では、三角波の搬送波（キャリア波）と変調波を比較することにより、図 2-13 に示すインバータの上下どちらのデバイスにオン信号を与えるかを決定する。図 2-13 の交流端子ａの電圧を制御するために、搬送波と変調波ａが比較される。変調波が搬送波よりも大きい期間では、Q_{a1} にオン信号を与え Q_{a2} にオフ信号を与える。反対に、変調波が搬送波よりも小さい期間では、Q_{a1} にオフ信号を与え Q_{a2} にオン信号を与える。これにより、直流電源 E_d の負側端子を基準としたａ点の電圧波形は、図 2-14 の中段に示すようになる。同様に、変調波ａの極性を反転した変調波ｂと搬送波の比較により、Q_{b1} および Q_{b2} に与えるオンオフ信号を決定し、交流端子ｂの電圧を制御する。この単相インバータの出力電圧 v_B は、交流端子ｂを基準とした交流端子ａの電圧であるから、v_B の波形は、図 2-13 の最下段に示すようになる。v_B の波形は、搬送波の各周期ごとの平均値は同図に点線で示す正弦波状に変化することがわかり、この平均値の変化は変調波により決定される。したがって、変調波の振幅、周波数、位相、波形を調整することにより、

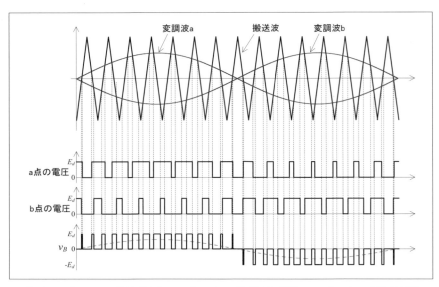

〔図2-14〕パルス幅変調（PWM）による単相電圧形インバータの電圧波形
（三角波キャリア比較方式）

電圧形インバータは直流電圧 E_d により制約される出力可能な限度内であれば、任意の電圧波形を発生できることがわかる。

また、図2-14の v_B の波形からわかるように、v_B が $+E_d$、$-E_d$、0 をとる時間の比率を調整することにより v_B の瞬時値を制御していることがわかる。一方、図2-13における交流側電流 i_{ac} と直流側電流 i_d の関係を考えると

$v_B = +E_d$ のとき　　　　$i_d = i_{ac}$
$v_B = -E_d$ のとき　　　　$i_d = -i_{ac}$
$v_B = 0$ 　のとき　　　　$i_d = 0$

となることがわかる。このことは、直流電圧 E_d をスイッチングで切り替えて v_B を制御することは、同時に交流側電流 i_{ac} と直流側電流 i_d の比率を調整していることを意味している。この関係は、前述の昇圧チョッパにおいて、入出力間の電圧と電流がそれぞれ逆数倍に変換されたこと

と対応する関係と考えられる。したがって、昇圧チョッパの場合と同様な発電デバイスの電圧、電流の動作点を調整する機能は、インバータ単独でも実現できることがわかる。

4.2　電圧形インバータによる系統連系の原理

図2-15に、電圧形インバータを系統連系インバータとして動作させる場合の電源周波数成分に関するフェーザ図を示す。図2-15におけるフェーザ $\dot{V}_{ac}$、$\dot{I}_{ac}$、$\dot{V}_L$、$\dot{V}_B$ は、それぞれ図2-13における v_{ac}、i_{ac}、v_L、v_B の交流電力系統の周波数成分の実効値と位相を表すフェーザである。図2-15では、交流電力システムに基本波力率1で電力を送り込む場合について示しており、$\dot{V}_{ac}$ と $\dot{I}_{ac}$ は同相となるように動作させる。このとき、$\dot{V}_L$、は $\dot{I}_{ac}$ に対して位相が90度進むため、この動作状態を実現するためには、単相電圧形インバータの交流端子間電圧のフェーザ $\dot{V}_B$ が図2-15に示す関係を満たすように、v_B を調整する必要がある。一般には、この動作状態は、図2-16に示すような交流電流のフィードバック制御により実現される。図2-16において、電力システムに流し込む電流の指令値は、直流電源の発電電力の情報や、直流側電圧を所望の値に保つための電力に関する指令値と、交流電力系統の電圧の位相情報をもとに作成される。この交流連系電流の指令値と実際の値を突き合わせ、電流のフィードバック制御を行い、その結果として得られるインバータの交流側の電圧の瞬時値の指令値をPWM制御部に与えることにより、図2-15

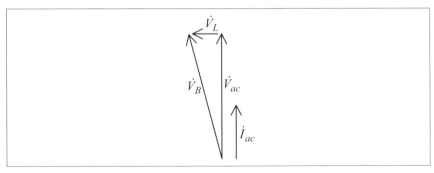

〔図2-15〕系統連系インバータのフェーザ図

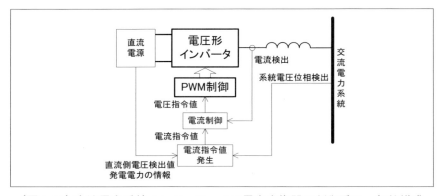

〔図2-16〕交流電力系統インターフェイス電力変換器の制御系の一般的構成

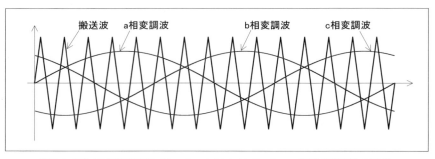

〔図2-17〕三相電圧形インバータにおけるパルス幅変調信号の発生
(三角波キャリヤ比較方式)

に示すフェーザ図の関係を満たすような系統連系インバータの制御が実現される。

　なお、前述のように、大容量の系統連系インバータでは、三相の電力系統の連系する場合があり、その際には三相電圧形インバータが用いられる。三相電圧形インバータは、図2-14のインバータの回路において、交流端子1個分の回路を追加したものであり、そのPWM制御は図2-14の単相インバータの場合を拡張して考えることができ、図2-17に示すように1/3周期ずつ位相のずれた三つの変調波と搬送波の比較によって行われる。

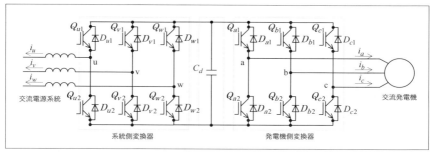

〔図2-18〕電圧形インバータをBTB接続した可変速交流発電システムの構成例

4.3　電圧形インバータによる交流発電機の制御

　前述のように、電圧形インバータは交流電力の周波数を調整できる能力を有しており、交流のモータを可変速運転する際に広く利用されている。再生可能エネルギーによる発電でも用いられる交流発電機は交流モータと構造的には同じものであり、インバータは交流発電機を可変速運転する際にも利用される。図2-18は、可変速の交流発電機が発生する電力を交流電力系統に送り込むシステムの構成例を示している。このシステムでは、直流平滑コンデンサ C_d を挟んで両側に三相電圧形インバータが接続されている。発電機側変換器は交流発電機を可変速運転し、たとえば風力発電の場合は、そのときの風速に応じた最大の電力が発生できる回転数での運転を可能とする。その際には、発電機側の周波数と電流を適切に制御する必要があり、その機能を発電機側変換器が担う。この発電機側変換器は、交流側の電流を制御している点ではインバータであるが、有効電力の流れの観点では発電機側から直流側に電力が伝達されており整流回路として動作していることになる。このようにして直流に変換された電力は、系統側変換器により系統連系され、電力系統の周波数の電力として系統に送り込まれる。

第3章 交流バスと直流バス（低圧直流配電）

1．序論

　現代社会において、電力は生活や事業の営みのために不可欠の要素であり、動力、照明、熱源、情報・エレクトロニクスなどが電気として幅広く利用されている。多くの国、エリアにおいて、電力事業者が中心となり運営される商用大規模電力系統は、大別して発電、送電、配電の三つに分けられる。送電・配電設備による電力の輸送は多くの特長があるが、大電力が遠隔地から需要地に、効率的にかつ瞬時に届けることを可能にする。

　本章では、各国で一般的に用いられている電気事業用や需要家用の交流配電方式、および近年分散型電源や蓄電池の導入拡大や情報通信施設向けに適用されている直流給電方式も増えていることから、交流・直流の二つの配電方式について述べる。交流方式については、十分な文献や資料が多く存在するが、直流方式については近年注目を浴び実用化への期待が高まっているものの、参考となる書籍が多くないため、歴史的経緯や今後の取り組み、国際標準化の動向を踏まえ、通信用施設における直流給配電技術を中心に記述する文量の比率を増やした。

2．交流配電方式

　交流方式を前提とした配電線路とは、発電所、変電所もしくは送電線路と需要設備との間、または需要設備相互間を結ぶ電圧5万ボルト未満

の電線路、およびこれに付属する開閉所そのほかの電気工作物を言うと我国の電気事業法施行規則では定義しているが、一般には、配電用変電所から需要家の引込口に至る間が、配電系統として取り扱われる。配電系統は配電用変電所、高圧配電線路、配電用変圧器、低圧配電線路、引込線により構成される（図2-19 参照）。また、需要地においては、住宅やビル、工場など、電気を使用する施設内の配線もあり、屋内配線や構内配電などと呼ばれている。

2.1　配電電圧・電気方式
2.1.1　配電線路の電圧と配電方式

我国における配電線路は、高圧配電線と低圧配電線に大別できる。高圧配電線の電圧は6.6kV 三相3線式、低圧配電線および低圧引き込み線は 100／200V 単相3線式および200V 三相3線式がほとんどを占めている。電燈小型電気機器には100V、動力用には200V 三相3線式が用いられている。また、ビル・工場内の配電では、400V を用いる場合も多い。なお、60Hz 系では440V が適用されることもある。

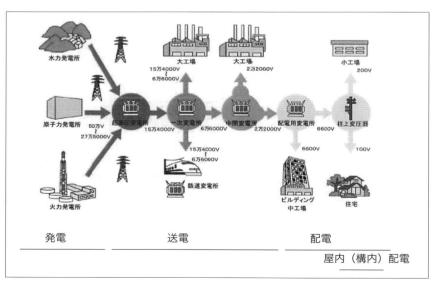

〔図2-19〕電力系統の概念（交流方式）

交流配電線路おいては、相数、電圧、また接地により様々な方式があるが、代表的な配電方式を図 2-20 に示す。また、直流を含む各種配電方式の比較を図 2-21 に示す。線間電圧を同一とした場合、三相交流は単相交流方式、もしくは直流方式に比べて、配電効率に優れている。

2.1.2　電圧降下
　一定容量の電力を配電する場合、配電距離に比例して損失が大きくなる。電圧が低いほど電力損失と電圧変動大きくなる。定常時の電圧変動としての電圧降下のみならず、電動機の始動時や他系統での短絡や故障

公称電圧〔V〕	電気方式	結線図
100	単相2線式	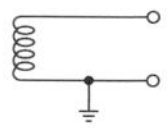
200	単相2線式	同上
	3相3線式（Y結線）	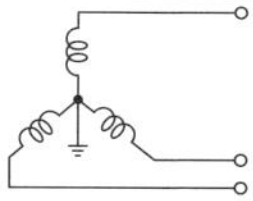
	3相3線式（Δ結線）	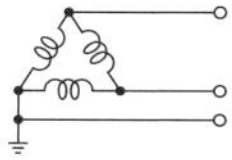
100/200	3相4線式（V結線）	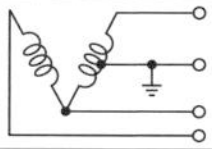
	3相4線式	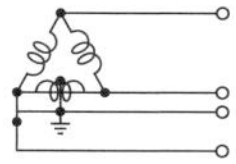
	単相3線式	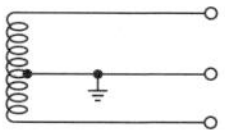
400*	3相3線式	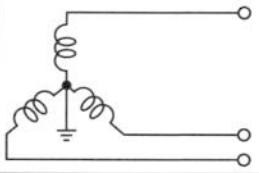
230/400**	3相4線式	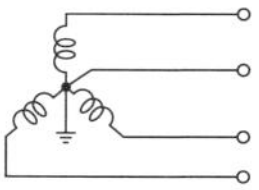

〔図 2-20〕主な配電方式

配電方式			電線1条あたりの供給力		所要全電線断面積	
交流方式	単相2線式	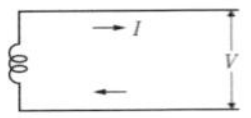	$\dfrac{VI\cos\varphi}{2}$	100	$\dfrac{4P^2\rho l}{P_l V^2\cos^2\varphi}$	100
	3相3線式	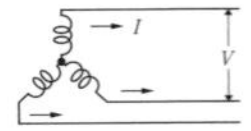	$\dfrac{\sqrt{3}\,VI\cos\varphi}{3}$	115	$\dfrac{3P^2\rho l}{P_l V^2\cos^2\varphi}$	75
	3相4線式	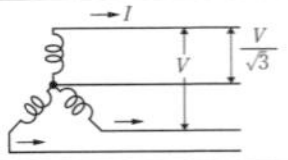	$\dfrac{\sqrt{3}\,VI\cos\varphi}{4}$	87	$\dfrac{4P^2\rho l}{P_l V^2\cos^2\varphi}$	100
直流2線式		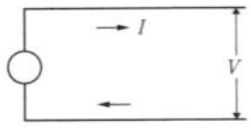	$\dfrac{VI}{2}$	100*	$\dfrac{4P^2\rho l}{P_l V^2}$	100*

* 直流2線式を 100 とした割合、交流の場合 $\cos\varphi=1$ とする。
V：線間電圧実効値のうちもっとも大きな値, I：線路電流, P：送電電力, P_l：送電損失, l：送電距離, ρ：抵抗率, $\cos\varphi$：力率

〔図 2-21〕主な配電方式の比較

時に生じる短時間の電圧変動についても、負荷やシステムが安定に動作する電圧範囲内に抑えるよう、配慮する必要がある。
　交流配電方式の場合、配電区間における電圧降下のベクトルは図 2-22 のようになり、力率が 1 に近い場合、電圧降下は（2-6）式により近似で求めることができる。

$$\text{電圧降下}\quad e = KI(R\cos\theta + X\sin\theta)L \quad\cdots\cdots\cdots\cdots\cdots\quad (2\text{-}6)$$

・e：電圧降下（V）
・K：配線方式による係数（表 2-1 による）
・I：通電電流（A）
・R：配線単位長あたりの交流導体抵抗（Ω/m）
・X：配線単位長あたりのリアクタンス（Ω/m）
・cos θ：負荷端力率
・L：配線長（m）

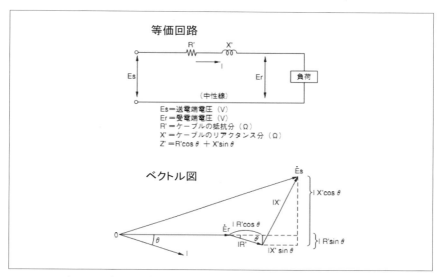

〔図 2-22〕電圧降下計算の考え方（等価回路とベクトル図）

〔表 2-1〕配線方式による係数

配線方式	K	対象電圧降下
単相 2 線式	2	線間
単相 3 線式	1	電圧線－対地（中性線）
三相 3 線式	$\sqrt{3}$	線間
三相 4 線式	1	電圧線－対地（中性線）

連続定格時におけるケーブルや配線を設計する際には、連続定格許容電流、短絡時許容電流、および電圧降下の条件をすべて満たすことが求められる。とくに、配線長が長くなる場合、容量の大きい負荷を使用する場合に注意が必要である。国内においては内線規定[27]を参考にすれば、低電圧配線の電圧幹線は幹線・分岐回路ともに 2% 以内とすることが原則である。ただし、変圧器により電力供給を受ける場合は 3% 以内、ケーブル配線が長くなった場合は、120m 以下：5%、200m 以下：6%、200m 超過：7% と経済性を考慮し電圧降下率が緩和されている。

また、海外においては、カナダでは受電単から電力需要点までを 5% 以内[13]、英国においては供給電圧の 4% 以内[13]、また、オーストラリア

では、幹線、分岐を含めて5%以内[13]と定めている。しかし、米国電気工事規定[13]では、センシティブな電子機器向けの配電システムについて、分岐回路の電圧降下率を1：5%以内、および幹線を含めて2：5%以内としている。

3. 直流配電方式

本節では、直流方式による配電システムの概要を述べる。なお、同分野の理解を深めるために、直流送電や直流給電との違いについても解説する。

3.1 直流送電

概ね100kV以上の直流高電圧による送電方式である。送電中の損失が少なく、絶縁が容易、安定度が高いなどの長所をもち、長距離送電やケーブルによる送電に適する。発電・配電には、送受両方に交直変換装置を設ける交流方式が有利なので、従来ほとんど顧みられなかったが、半導体素子やパワーエレクトロニクス技術の発達により近年着目されている。

送電線路の両端に交流と直流の間の電力変換設備を必要とするが、三相交流で送電する場合と比較して送電線の条数が2本となるため、架空送電線による長距離送電や、本島・離島間などの海底送電、洋上大規模ウインドファームなどで経済的なメリットがある。

電力変換装置としては初期には水銀アーク変換装置が用いられていたが、高電圧大容量のサイリスター変換装置が使用されるようになって信頼度が大幅に向上し、その利用が最近急速にのびている。近年はIGBTを電力変換装置の素子に用いる方式が導入拡大している1kV以上の直流電圧で運用されており、大規模な風力発電所やメガソーラー分野での導入事例も拡大している。

日本国内においては、北本連系（本州（上北変換所）－北海道（函館変換所））、紀伊水道直流連系（本州（紀北変換所）－四国（阿南変換所））の直流送電の実例がある。

また、世界的に長距離直流送電の導入が近年増えている。ブラジルで

建設されていた世界最長の直流送電線は、ブラジル北西部アマゾン川支流にある水力発電所から、電力需要地のサンパウロまでの2,385kmを超える±600kV大容量直流送電であり、2013年末に運用をスタートさせ、世界一長い直流送電となった。

直流送電の利点と課題を整理すると次の通りとなる。

(1) 利点
- 交流の電力系統を分離でき、系統との同期が不要となり潮流制御が容易となる。
- 送電配電路のリアクタンス成分による電圧降下や、静電容量によるフェランチ効果（電圧上昇）を考慮する必要がない。
- 交流（実効値との比較）よりも、ピーク電圧が小さく絶縁設計が容易である。
- 2本のケーブルや電線で送電・配電が可能である。また、ケーブルや電線において表皮効果がないため、導体利用率がよく、電圧降下・電力損失が小さい。

(2) 課題
- 大容量の直流遮断はゼロクロスがないため困難である。交流はゼロクロスを有するため、電流を遮断することが比較的容易である。
- 交流方式に比べて電力変換設備の費用が増しコスト高となる。

3.2　直流配電（給電）

通信施設やデータセンタ、また住宅や構内の施設内において、整流装置や蓄電池などの直流電源設備から負荷へ電力を供給することを示しており、電力事業者の送電網や配電系を直流化することを意味していない。なお、需要家施設内もしくは近傍において、直流方式による電力の供給を行う場合、配電区間（施設）が直流配電の対象となるが、直流電源設備の有無については曖昧であり、用語に関しては、直流給電と明確な使い分けは、現時点で存在しない。

3.3　直流配電（給電）による電圧降下

直流方式においても、(2-6)式を用いKを2とすることで交流単相2線式と同様に電圧降下が計算によって求まる。しかし、電燈や電熱、ま

た動力などの用途を中心とした交流と比べて、エレクトロニクス機器が中心となる直流配電においては負荷特性が異なる。以下、直流配電における注意事項について述べる。

通信ビルやデータセンタにおける直流配電システムでは、電気事業者の交流を整流装置により直流に変換し、安定した電力を供給する。電源電圧が安定した状態において、図2-23のx点が示す電源(整流装置)の出力電圧をV_x、負荷機器の入力点yの電圧をV_yとすれば、直流回路を構成する幹線ケーブル、分岐ケーブル、負荷機器の電源コード、および分電盤などの接続点での電圧降下の合計ΔVより、(2-7)式で表すことができる。

$$V_x = \Delta V + V_y \quad \cdots\cdots\cdots\cdots\cdots\cdots\cdots\cdots\cdots\cdots\cdots\cdots\cdots\cdots\cdots\cdots (2\text{-}7)$$

通信施設やデータセンタ、またエレクトロニクス機器を用いる多くの場合、負荷Pが定電力特性を有するので、静特性としての電圧変動範囲は、電源電圧V_xを一定とした場合、負荷電圧V_yは、配線における直流回路の抵抗分の和をRとすれば、(2-8)式と(2-9)式より(2-10)式として定まる。直流回路における電圧降下ΔV、すなわち電源電圧V_0と負荷電圧V_Pの差は、Pの大きさの1/2乗に比例し低下する。

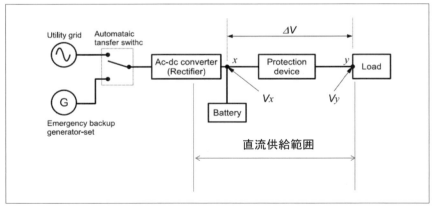

〔図2-23〕直流給電システムの標準的な構成

$$V_x = (Z_0 + Z_1) \times I_0 + \frac{P}{I_0} \quad \cdots\cdots\cdots\cdots\cdots\cdots\cdots\cdots \quad (2\text{-}8)$$

$$I_0 = \frac{V_x - \sqrt{V_x^2 - 4RP}}{2R} \quad \cdots\cdots\cdots\cdots\cdots\cdots\cdots\cdots \quad (2\text{-}9)$$

$$V_y = V_x - R \times I_0 \quad \cdots\cdots\cdots\cdots\cdots\cdots\cdots\cdots\cdots\cdots \quad (2\text{-}10)$$

3．4　直流配電（給電）の利用拡大

　地球温暖化防止や持続可能な社会の実現、また、エネルギー自給率の向上を目指し、再生可能エネルギーを利用した分散型電源の導入が、急速に進んでいる。家庭や職場環境おいては、一般家庭用電気器具やパソコンや通信端末などAV情報通信・画像映像機器など台数が年々増加していることを実感できるが、これらの多くは交流を機器内で直流に変換し、直流電力を消費している。さらに、発電と電力消費のアンバランスを解消し、災害による停電時などのバックアップ用途として、蓄電池が注目されている。これらの発電、消費、蓄電に共通する技術は直流である。

　近年、太陽電池や燃料電池などの直流を発電する分散型電源の導入が拡大した場合を想定し、発電の特徴を生かすことも、発電の間欠性に代表されるような不安定さを解消するため、新たな直流配電方式が検討されている[1,2]。分散型電源からの直流電力を交流に変換せず、そのまま直流負荷機器へ入力することでエネルギー効率を向上させる検討や実証が、日本のみならず、欧米やアジアなど、世界各国で活発化している[3,4]。図2-24に日米における新たな直流関連の運用施設・実証事例の一例を示す。

　さまざまな社会的背景や技術革新も伴い、近年注目されている直流については、その応用分野が多岐に渡り、かつ関連する技術も幅広い。また、新たな直流システムの実現のためには、装置・機器やシステムの技術開発のみならず、直流電力を安全、かつ効率的に供給するための配電方式の検討や関連する標準・規格などの整備も重要である[5]。

　本項では、限定されたエリア内における直流マイクログリッド[1]、商

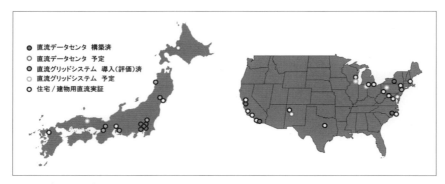

〔図2-24〕日米における直流応用の導入・実証事例（2011年時点）

用建物・住宅[6]、および近年注目されているデータセンタ[7,8]など、需要家サイドから見た様々な直流応用と技術の動向について、1世紀以上に渡り運用実績のある通信用電源システム技術をベースに報告する。また、技術開発と同時に進行している本分野の国際標準化活動の概要についても紹介する。

3.4.1 直流方式の歴史と現在における直流応用

電力の発電、流通、そして消費に至るまでのシステムを構築し、直流で電気事業をスタートさせたのはトーマス.A.エジソンであり、今から1世紀以上も前のことである。米国においては、NY市街にて100kW出力の発電設備（1200台の白熱電球を点灯可能）を6台導入し、直流方式による電気事業を1882年9月4日にエジソンが開始した[9]。当初は、需要家数は90軒（400灯）足らずのごく小規模であったが、1年後に513軒（10,000灯）へ急成長し、その後10年間程度のうちに、北米、欧州、南米、日本に直流方式が展開導入されていった。

その直後、直流方式は、テスラらが主張した交流方式との激しい論争に巻き込まれる。交流方式は、大容量化と長距離送電が容易であり、また変圧器による電圧の昇降圧が容易であることから、給電方式の主流は、その後、電力需要の急速な伸びとともに、徐々に直流方式から交流方式に変わっていった。現代における電力システムの主流は交流給電方式であるが、エジソンの事業開始から100年以上もの長い期間、直流給電は

一部のエリアで限定的に継続されてきた。たとえば、NY市内では、the Consolidated Edison Companyにより2001年時点で4000以上の直流供給の需要家を有していたが、2007年11月14日、エジソンとそのスタッフが直流電気事業を開始してから125年2ヶ月9日と9時間経過した後、その長い歴史の幕を下ろした。

　19世紀の後半から始まった世界各国の電気事業は米国と同様、いずれも直流配電で開始された。スウェーデンの首都であるストックホルムは、ロンドン、パリ、ベルリンなどの主要都市に数年遅れる形で1892年に電気事業を開始した。当時の給電方式は、給電範囲（距離）が限定されており、負荷設備も照明器具や電熱器が主であったことから、ほかの都市と同様に直流給電が採用され。直流給電方式は、系統制御が単純でかつ安全性も高いと考えられていた。

　ストックホルム市内で運用されていた直流給電システムの概要を図2-25に示す[10]。発電所の主要設備は、直流発電機であるが、当時の直流給電システムは蓄電池を併用しており、瞬時的なピーク負荷への給電や昼夜のロードレベリングに対応することが可能であった。概ね半径500mの給電範囲ごとに、市内には10数か所の発電所が稼動していた。給電電圧は、公称220V dcであり、中間線を加えた3線方式が採用され、公称電圧に対して、+10%、-5%に給電電圧が収まるように系統運用さ

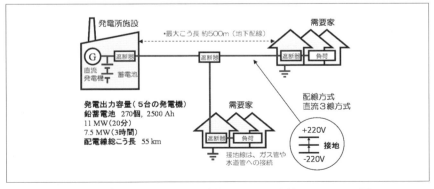

〔図2-25〕ストックホルム市街における直流システムの例

れていた。

　ストックホルムにおいては、1882年の電気事業の開始後、時代とともに電力需要が増加してゆき、大容量の発電所建設を望む声が各方面で大きくなるとともに、当時の直流発電所（火力）は市街地にあったため、発電所から発生する煤煙を避ける意味でも大規模な交流発電所を郊外に建設する必要が生じた。このような経緯から、同国の豊富な水力資源を利用した大規模の水力発電所が北部の山間部に多く建設されていった。スウェーデンでは、電力の消費地である都市部が南部に多く存在するため、長距離の送電が必要となり、送電特性の観点でメリットのある交流給電方式が採用され、次第に直流方式から交流方式へと切り替ってゆき、市内では直流・交流の方式が混在した期間（1961年時点で約40％が直流方式）を経て、ストックホルムにおける電気事業としての直流給電は1974年に幕を閉じた。

　我国の配電方式は、1887（明治20）年東京電燈による105/210V dc 3線式の直流配電がはじめである。東京電燈では1896（明治29）年には浅草蔵前に集中発電所を設け、発電電力を配電所（変電所）から送電し、配電所で直流に変成して需要家へ配電する直流配電方式と、配電所を経由しない3kV交流配電方式が同時に行われ、次第に交流配電方式に改められた。1923（大正12）年の関東大震災により、東京電燈は配電設備に大きな損害を受け、蓄電池設備の損壊がひどかったので、これを機会に1887（明治20）年以来行われていた直流配電方式を廃止し、交流配電方式に切替えた[11]。

　これらの経緯のように、19世紀後半時点では、各国とも電気事業は直流でスタートしたが、大容量な発電設備、長距離送電、および電圧の昇降圧が容易な変圧器などで構成される交流方式に置き換わり、今日に至っているが、NYやストックホルムの実例で見られるように、比較的近年まで直流供給が継続していた事実もある。

　送電分野においては、非同期や異なる周波数で系統を連系させることができ、表皮効果、リアクタンス、およびキャパシタンス成分がなく送電ロスが低減されること、長距離送電では建設費が安価になること、ま

た絶縁が容易であることなどの特長がある。高圧直流送電は、スウェーデンとゴットランド島間に送電ケーブルを敷設し、1954年に世界で初めて実用化に成功したが、近年においては、経済が発展しているBRICs諸国でも、広大な国土での電源開発のため、多くの直流送電計画が進行しているなど、諸外国を中心に直流送電分野の応用が拡大している[12]。

3.4.2　今日における直流応用

今日における直流の応用例と、それらの代表的な電圧の範囲を図2-26に示す。産業・輸送分野のみならず、民生や一般家庭の分野においても、直流を用いる応用や機器は少なくない。過去には直流が苦手としていた電圧の昇降圧についても、電力変換技術の向上により克服され、今日の家電製品の多くに付随するACアダプタのように、ごく身近でその恩恵を確認することができる。多くの直流応用のうち、本稿においては、ここでは、電気通信事業用の直流給電方式をベースに近年の動向について概説する。

3.4.3　電気通信事業における直流給電

アレキサンダー・グラハム・ベルが電話を発明したのは1876年3月のことである。翌年には、ベルの熱心な改良により電話機の性能が飛躍

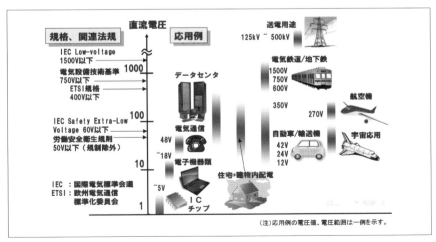

〔図2-26〕今日おける様々な直流応用の例

的に向上し、1877年の8月には800台程度の電話機が稼働している。また、我が国においても、早くも同年12月に工部省と宮内庁間で電話が試用さている。その後、今日に至るまでに、電話機という文明の利器が社会生活の必需品となり、電信電話事業の拡大とともに発展していった。これらの電気通信サービスを支える電源設備が通信用電源システムである。通信事業に適用される電源システムは、−48V dcを中心とした給電システムである。通信用電源システムの基本構成を図2-27に示す[13]。

諸外国においては、電気事業者による交流配電電圧が日本国内の標準的な電圧（三相200Vもしくは単相100V）と異なるものの、通信用電源のシステム構成としては、図2-27の構成が世界中の通信用電源システムとして標準的に用いられている最も基本的な方式である。

通信用電源システムの直流電圧として、−48V dcが採用されている。電気通信用途に直流が利用されてきたが、当時の交換機の主要部品であった継電器（リレー）を駆動させること、また停電時にも蓄電池（電信電話事業の当初は一次電池、現在は二次電池を利用）を使えること、直流電源設備である整流装置の並列運転が容易であることなどが理由となっている。直流電圧は、通常の仕様状態では48V（公称電圧）と低く、

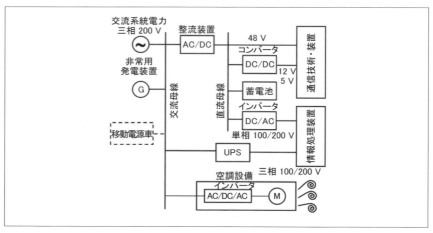

〔図2-27〕通信用電源システムの基本構成

IECやJISでは特別低電圧（ELV：Extra-Low Voltage）の区分に該当し、安全な電圧とされており、我国以外の欧州や米国でもすでに標準化がなされており、多くの部品、機器が流通している。

接地方式については、電気通信用途として直流電源のプラス（正極）側を接地しているため、マイナス48Vが公称電圧となっている。プラス側を接地している理由は、通信ケーブルである銅線の腐食の抑制のためである。通信事業がスタートした当初は、裸銅線が用いられており、大地に対して正電位が印加されると、大気中の湿気を伴い、電気分解のため腐食劣化を進行させることになった。一方、正極を接地し負電位を銅線に印加すると腐食の被害が減少した。このことから、電気通信設備においては、プラス側を接地し、マイナス48Vを供給する方式が一般的となり、各国の標準として広く普及していった。

なお、プラスチックで絶縁されたケーブルを用いれば、上記のような現象は発生しにくく、現状の通信システムにおいては、問題とされていない。

電気通信用途として適用されている直流48Vであるが、今後のデータセンタや通信以外の用途に適用されている。たとえば、LANケーブルで15.4Wまでの48V dcの直流電力を供給し、VoIP対応の電話機（IP電話）や無線LANのアクセスポイント、Webカメラ、また小電力機器などが交流電源を用いずに駆動可能とするPoE（Power over Ethernet）がIEEE802.3afとして2003年6月に標準化された。2009年にはIEEE802.3at PoE Plusとして改定され、ポート当たり30Wまでの給電が可能となり、その利用が徐々に広がっている。

4．直流給電の最新動向
4．1　負荷容量の増大と高電圧化

便利で使いやすいエネルギーである電力は、その消費量が年々右肩上がりで増加しているが、情報通分野においても同様な傾向がある。また、局所的にみても、負荷となる通信設備・情報機器などのシステムの容量・発熱密度が年々増加している。既存の48V dc給電システムを図2-28に

示す。負荷容量が増大した場合、既存の48V dcでは供給電流が大きくなってしまい、ケーブルや幹線を太くすることが必要であり、コストアップを招くとともに、ビルの形状やスペースの制約においては、ケーブル敷設さえできない恐れが生じる(同図(b))。また、バックアップの蓄電池も質量や体積の制約により直流設備の近傍に設置し、遠方もしくは高層階にある負荷設備に効率よく給電する必要がある。これらのことから、電圧を高くし、効率的に給電することが検討されている。

情報処理量、および通信トラフィックの爆発的な増加により、通信ビルと同様にデータセンタの電力消費が拡大している。電気設備から見た場合、通信用電源システムには、発電、変換、蓄電、制御、給配電、実装など電気系システムに必要とさえる技術的要素がすべてバランスよく盛り込まれており、通信ビルとデータセンタに適用される電源システムは同義語と見なしてよい。

現在検討されている大容量負荷への対処方法の例を図2-29に示す。同図(a)は、負荷機器の入力電圧を従来通りの48V dcとし、幹線の直流電圧を220V dcと高く設定することで、ケーブルの小径化を可能とする方式である[14]。この方式では、負荷近傍に220/48V dcの降圧用直流

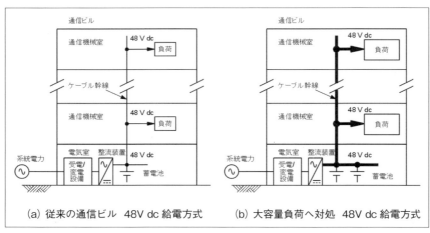

(a) 従来の通信ビル 48V dc 給電方式   (b) 大容量負荷へ対処 48V dc 給電方式

〔図2-28〕既存の直流48V dcの給電方式

コンバータが必要となり、変換損失が生じてしまう。同図 (b) は、近年、日本国内のみならず、欧米やアジア諸国で検討が進んでおり、一部商用導入が開始された 380V dc 給電方式である。380V dc は、既存のサーバーや ICT 機器内部の直流回路で使用されている電圧であり、ICT 機器電源の交流／直流変換段をバイパスすることが可能であり、電力変換ロスを抑えることができ、国際標準としての期待されている電圧である。

４．２　海外における通信用 380V dc 給電方式の運用例

電気通信システムにおいて長年に渡り－48V dc 給電が提供されつづけているが、通信ビル内部の設備のみならず、電話機端末などへも－48V dc へ供給する方式が局給電方式である。通信ビルから、数 km のメタルケーブルを介して、通話用として回線あたり数 W 以下の直流電力を供給している（図2-30 (a) 参照）。近年は、従来のメタルケーブルに代わって光ファイバケーブルが情報通信の高速・大容量化のために置き換わっている。光ファイバは、伝送損失が少なく、長距離、高速大容量の情報伝送を可能とするが媒体が石英ガラスやプラスチックでできているため、電力伝送ができず、別途、電力供給用の電源設備が必要となってしまう。そこで、光ファイバを敷設した後も既存のメタルケーブルを撤去

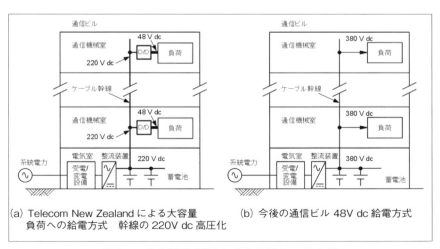

(a) Telecom New Zealand による大容量負荷への給電方式　幹線の 220V dc 高圧化
(b) 今後の通信ビル 48V dc 給電方式

〔図 2-29〕直流高電圧方式の給電システム例

【第Ⅱ編】第3章／交流バスと直流バス（低圧直流配電）

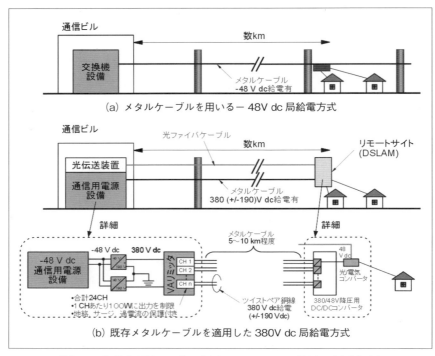

〔図2-30〕通信用ケーブルを用いた380V dc給電の例（北米）

せずに、通信ビルからの電力供給用の媒体として活用する方式が2005年以降、海外の一部で運用されている。通信ビルにおいては、既存の-48V dc電源を入力とし、+/-190V dc電圧（対地電圧を各々+/-190V）を出力させ線間電圧を380V dcとする直流電源を構成する。既存のメタルケーブルを活用し、数km先のリモートサイトの、デジタル加入者線（DSL）で使われるネットワーク機器（DSLAM：Digital Subscriber Line Access Multiplexer）へ直流電力を供給するものである。380V dcの直流電源は、チャンネルごとにVAリミッタと呼ばれる制限回路を介し出力は100W以下に抑えられている。VAリミッタ回路内では、過電流、地絡（感電）についても検出・保護が可能である。なお、地絡（感電）については、人体に影響を与えない範囲として、IEC 60947-1規格を参考に

- 98 -

保護のしきい値を 60mA 以上としている[15]。

4.3 マイクログリッドにおける直流応用

エネルギー供給の自立化、エネルギー効率や災害に備えた供給信頼度の向上などを目的にマイクログリッドの概念が提唱されているが、自営系統を直流とし、直流マイクログリッドとして運用することも可能である。直流マイクログリッドの構成例を図2-31に示す。再生可能エネルギー、および負荷機器などの電力変換器群の中で、同図に示す双方向のコンバータが主体となり、直流系統内の需給調整のみならず、既存系統との協調運用を図ることで電気事業者、需要家相互のメリットが期待できる。

また、直流マイクログリッドの規模を小さくし、既存の交流系統と組み合わせ、住宅用に適用するというアイデアもある。住宅内への直流適用については、分散型電源、蓄電池、および家電機器との親和性から、将来のエネルギー利用形態の一つとして IEC 白書[16]でも紹介されている。低圧系の直流応用においては、分散型電源や蓄電池との組合せ・統合が容易であり、負荷までの電力変換段数を低減でき、損失の抑制、信頼性の向上が図れるなどのメリットが期待できる。直流系統については、同期という概念がなく、電圧レベルのみが制御対象となり、運用が簡単

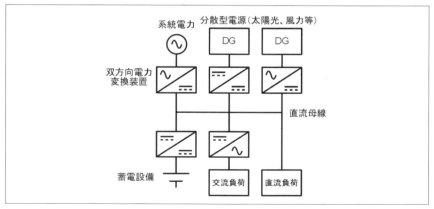

〔図 2-31〕直流マイクログリッドの構成

になる。

　また、直流母線に接続された分散型電源は、交流系統で生じる停電や瞬時電圧低下の影響を受けにくいことも利点としてあげられる。また、配電区間に超電導を適用し、損失の低減や配電距離の延長を図ることも検討されており、将来的には、低圧直流システムのメリットの一つになると期待されている[17]。

5. 直流システムにおける課題・留意事項

　直流の利点を生かし、安全、かつ効率的に扱うため、解決すべき課題や留意事項がある[18]。直流に関する主な課題を以下に記す。

5.1　直流過電流保護と保護協調

　概ね数百kW以上の容量帯で多く適用されている三相、もしくは六相全波ダイオード整流による直流電源を用いる場合、直流側で短絡事故が生じた場合、一次側の電源容量に相当する短絡電流が流れるため、大きな遮断容量を見込む必要があり、遮断器の設計や運用などの検討が必要である。直流は、通電方向の極性が一定であり、電流ゼロ点がないため、遮断が容易でないことが、従来から課題として認識されている。直流大電流遮断については、過去からも多くの方式が報告されているが、超電導のクエンチを限流動作に利用し、半導体や遮断器を組み合わせ保護する方式についても提案されている。

　直流遮断は、克服すべき技術課題であるが、通信、鉄道、産業用では十分な実績がある。100kW以下程度の電源設備の容量帯域では、スイッチング電源が適用されている。それらの多くは、電流制限である垂下機能を有しており、最大でも定格の110%程度しか電流を供給することができない。そのため、直流配電系統で短絡事故が生じても、ヒューズの溶断やMCCBをトリップさせるための十分なエネルギーを供給することが困難になるケースが生じる。この対処としては、ヒューズ近傍のコンデンサへエネルギーを蓄えておく方式や、半導体を組込んだ遮断器により保護協調を取る場合がある。この例のように、直流の遮断自体の技術課題以上に、直流配電方式における渦電流保護協調が新たな課題と

なりうる。直流電源の特性と想定される故障点の位置、システムの接地方式などから、負荷の要求条件を満たす保護方式を選定する必要がある。

5.2 直流アーク保護

直流システム特有の事象として、アークについて解決する必要がある。直流アークについては、短絡や過電流から保護する際に遮断器内で発生する大電流アークだけでなく、ヒューズやMCCBなど遮断器の定格電流以下の値となるアークに注意する必要がある。直流回路の接続部の緩みでなど生じる直列アーク、正負両極間の並列アーク、および、電源と対地間のアークについて、検出・保護することが必要である。PV発電システムを対象とした直流アーク検出・保護については、米国工事規定（NEC）規定[19]としてすでに盛り込まれている。

5.3 定電力負荷特性による不安定現象

電力を消費する負荷機器は、定抵抗、定電流、定電力の三つの特性に分類することができる。スイッチング電源を搭載した負荷機器は、一般的には定電力特性であり、図2-32（a）に示す通り、等価抵抗分R_Lが負特性を有するため注意が必要である。このような負荷R_Lが図2-32（b）のように、直流配電回路に接続された場合、配線区間の抵抗分Rを打ち消し、配線のインダクタンスLと機器のフィルタなどによるキャパシタンスCによる発振を生ずることが報告されており、不安定な運用となる場合がある[20]。

長距離直流送電やBack-to-back（BTB）のようなシステムでは、基本的

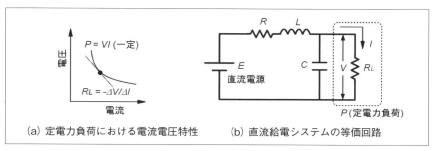

(a) 定電力負荷における電流電圧特性　　(b) 直流給電システムの等価回路

〔図2-32〕直流発振回路

には対向する電力変換器同士1：1となるが、低圧の応用では、一つの電源に対して、複数、かつ多種多様な電力変換器、もしくは負荷機器が接続され、1：Nの関係となる。このため、発振条件を防止する運用制御や適切な回路パラメータの設定が重要となる。

5.4 接地と感電保護

　直流給電の安全性については関心が高く、電気システムを運用する上で最も重要な課題であると言える。特に感電防止対策については、電圧が高くなれば、危険性も増すため、完全である必要がある。通信ビルやデータセンタにおいては、直流電源に対して安全な接地方式として過去から様々な分野で適用されている浮動方式（もしくは高抵抗中間点接地方式）が推奨されている（図2-33参照）。図中の分圧抵抗Rは、数十kΩに設定されているため、地絡事故や感電が発生しても大きな電流が流れることはなく、火災や感電を予防することができる方式である。

5.5 その他の課題

　上記以外の課題として、直流給電の場合は電食を生じやすいことを指摘される場合がある。電食とは金属腐食の一種で、直流電鉄からの漏えい電流（迷走電流）により電気分解を受けることをいう。直流電気鉄道や直流送配電・給電システムにおいて大地帰路方式とする場合には、電食が問題となりうるが、＋と－の両極にそれぞれ配線やケーブルを敷設

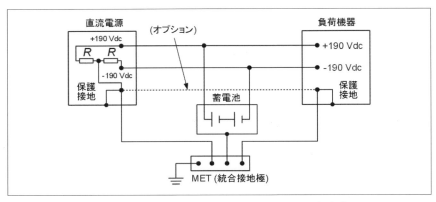

〔図2-33〕380V dc 給電方式における接地方式案

する方式とすれば直流回路において帰路が形成され漏えい電流がなくなるため、電食が大きく問題になることはない。たとえば、交流無停電電源装置（UPS）には、300～500V dc 程度の直流電圧となる蓄電池が接続され長年に渡り運用されているが、通信ビル・施設の給電・接地において、電食の課題は過去数十年出ていない。ただし、電食は金属腐食の一形態であるが、電食以外には異種金属の接触で局部電池が形成されることにより生じる自然腐食もあり、直流給電システムの運用環境によっては注意が必要である。

6．国際標準化の動向

既存の交流システムは、電圧、周波数が国・エリアによって様々であり、統一されていない。今日においても、器具やシステムを輸出入している企業関係者のみならず、一般の旅行者も含め、電圧やコンセントの規格の多さに不便を感じることがしばしばある。これから作成される直流分野の国際標準については、国際的な統一が必要であり、売り手・買い手・使用者など多くのプレーヤーにメリット・利益をもたらすべきである。

2006年11月、経済産業省は「国際標準化戦略目標」を公表し、国際標準化への取り組みを強化するなど、標準化の重要性は高まっている。安全でかつ、合理的で高効率な給電システムを、より安価に、普及・拡大させるためにも標準化が担う役割は大きい。国際貿易の観点でも、経済のグローバル化が加速する現代においては、国際標準化自体がビジネスモデルとなり、経済発展のためには、欠かせない必須の事項である。

国際標準化のためには、特に以下の観点も含めて検討しなければならない。
・多くのプレーヤーへの便益があること。
・地域差がなく、標準化されたものの入手・調達が容易であること。
・標準化自体が技術の発展を阻害しないこと、かつ、市場の要求に見合ったタイムリーな標準であること。など

上記は、直流給配電システムに限った内容ではなく、多くの研究、技

術開発活動やビジネス展開の際に関わるものである。電力システムは、自営・事業の区分を問わず、社会インフラとして長期間に渡って使用されるため、電気関連の標準化のためには、様々な技術の発展を見据えた中長期スパンを視野に入れた検討が必要である。また、一度導入された標準を変更することは、多くの困難と莫大な費用を要するため、想定される事柄や将来の展開を可能な限り多く検討し、経済性以外にも、普遍的な条件も考慮し標準を制定することが望まれる。

　過去に日米の専門家らが直流給電の課題について議論し、その優先順位を整理した場が設けられた。その結果を表2-2に示す。今後の直流給電システムの普及拡大のための最大の課題は国際標準化、特に電圧規格であるとも言える。

　直流給電システム全体、もしくは発電、変換、蓄電、消費など各機能単位を連系するインタフェースの点において、技術的な仕様、すなわち標準が必要となる。ここでは、直流給電システムに関わる標準化の動向についての最新動向を紹介する。

6.1 直流電圧規格の区分

　所定の電力を導体により給電する場合、損失を減らすためには給電電圧を高くすればよいが、電圧が高くなればなるほどシステムの危険性も高まり、絶縁距離・空間の確保、保護の仕組み、安全性の担保、また、システムの運用管理方法も難しくなるなど、現実的には上限の電圧が存在する。多くの人々の作業を伴う場所で使用される直流電圧については、安全性や運用のしやすさを考慮し、"低圧"以下の電圧区分が相応しい。

〔表2-2〕専門家による直流給配電に関する課題の優先順位

順位	日本(*)	米国(**)
1	電圧標準・規格化	電圧規定
2	遮断器、遮断用素子	DC400V用遮断器
3	直流対応負荷機器	直流コンセント
4	コストメリット、便益性	費用対効果
5	新型素子、回路技術等	回路構成等

＊：平成20年11月27日電気学会 次世代電力システムにおける直流給配電調査専門委員会 20名参加
＊＊：平成18年6月1日～2日 EPRI DC Power Production, Delivery and Use Workshop 70名参加

以下、電圧区分に関する現状について述べる。

6.1.1 IEC規格などにおける直流電圧の定義

国際規格であるIEC（International Electrotechnical Commission）では、120V dc 未満を Extra-low voltage とし危険の低い電圧として定義、120V dc 以上 1500V dc 以下を低電圧（Low voltage）としている。また、英国のBS 7671：2008では、120V dc 以上 1500V dc（線間）以下、もしくは120以上 900V dc（対地）以下を低電圧と区分している。IECの定義では、低電圧は感電、それ以上はアーク放電の危険度合いで低電圧とそれ以上の電圧とを区分している。IECにおける電圧区分の体系を表2-3に示す。直流と交流を比較すると、直流のほうが低電圧の範囲が広く（高く）なっている。

6.1.2 日本国内における直流電圧の定義

日本国内においては、電気設備に関する技術基準を定める省令（2条）により、直流電圧は750V以下を低圧としている。750Vに定まった経緯は、文献[21]に説明されている。我国における低電圧区分の変遷を表2-4に示す。同文献によれば、昭和24年の電技改正までは、直流と交流（実効値）との電圧比は2：1となっていた。電気事業の初期においては、低圧は300V dc 未満、および150V ac 未満と定められた。明治29年制定の電気事業取締規則において、低圧の限度が500V dc と 250V ac に引

〔表2-3〕IEC規格における電圧の区分

電圧範囲	直流	交流
高圧	1,500V 超過	1,000V 超過
低圧	120 〜 1,500V	50 〜 1,000V
特別低電圧	120V 未満	50V 未満

〔表2-4〕我国における低電圧区分の変遷

年代	直流	交流
開闢当初	300V	150V
明治29年	500V	250V
明治30年	600V	300V
昭和24年	750V	300V
昭和40年	750V	600V

き上げられ、さらに、明治30年の同改定により、600V dc、300V acとなり、昭和の時代まで用いられていた。昭和24年の改定では、路面電車に直流電圧を適用するため、750Vまでが低圧の電圧範囲となり、今日に至っている。なお、交流については、400V級の配電電圧を採用する可能性があるため、昭和40年に600Vまでが低圧の範囲として改定された。

6.1.3 米国内における直流電圧の定義

米国では、電気施工に関する規定NEC（National Electrical Code, article 490.2）にて600V dc以下が低圧と定義されているが、交流、直流の方式による違いはない。

直流配電に関連する主な規定を以下に列記する。
・2線方式は、対地電圧は300Vまでとする。
・3線方式の中性線は必ず接地すること。
・対地電圧150V以上の回路には地絡保護を付けること。
・地絡保護動作の場合、両線を同時に開放すること。
・600V以下の配線電圧であれば、特別な施工規定は不要である。

6.2 直流と安全性の関連について

各種機器、システムを直流方式により運用する場合、安全であることが大前提である。国内外の直流電圧区分については、危険度合いと運用面を考慮して整理されたものであり、理論的に導かれた値ではない。

安全性については、様々な観点での慎重な議論、検証が必要であるが、様々な文献などを参考にすれば以下のことが言える。

文献[21]に、「一般に絶縁物は、直流に対しては交流に対するよりも遥かに高い絶縁耐力を、示すものであり、さらに、人命に対する危険の程度についても、大体において直流は、商用周波数の交流に比べ危険度の程度は低く、同一の電圧でも、直流と交流とでは、本質的な差異があるが、この間に厳密に理論的な関係を定めることは困難である。」と記されている。

IEC 60479-1には、感電に関しての直流と交流の違いが説明されている。また、文献[22]によれば、人体中を流れる電流の大きさ（A）と通電

時間 (s) の関係により、充電部と接近、接触して感電したときの人体の反応が異なるとされている。交流 (50 もしくは 60Hz) では、0.5mA 以上の電流が人体中に流れるとシビレを感じるが、直流では、その範囲が 2mA 以上となる。また、交流の場合、10mA 以上になると呼吸困難などの重症の症状が発生するが、直流では、30mA 以上が同様の症状の範囲となる。

　安全に関しては、絶縁と接地、各種保護を含めたシステム全体で議論されるべきであり、電圧の高低だけでは一義的に確定することは難しいが、国内外の定義や規定においては、直流低電圧の範囲が交流よりも高くなっていることがわかる。また、電源としてのエネルギー供給可能量とも合わせて検討する必要がある。

　感電以外にも、アークや過電流・短絡などの事故除去など直流に関する技術的なハードルの高さもあり、一概に直流は安全、もしくは危険と決めるは困難である。

　直流給配電システムの検討が進むにつれ、エンドユーザを含めた様々な方面から、「直流＝危険」との意見が聞かれることが多いが、少なくとも上記の事実を考慮すれば、一般的には「電圧∝危険度合い」の関係はあるものの、「直流＝危険」と断定するのは妥当でないと考えられる。

6.3　制定・運用されている国際標準の一例
6.3.1　電気通信分野

　通信用電源システムの直流電圧として、−48V dc が多用されている。48V は公称電圧であり、実際は蓄電池の充放電電圧範囲、配電区間の電圧降下および負荷となる通信システム機器の入力電圧変動許容範囲を考慮し定められている。事業用電気通信設備規則（昭和六十年四月一日郵政省令第三十号）第二十七条（電源供給）で、アナログ用電話設備においては「端末設備などを切り離したときの線間電圧が 42V 以上かつ 53V 以下であること」と規定されている。通信ビル内で直接電話器端末への給電を行わない設備に対しては、その規定値よりも広い電圧幅を規定している。欧州では ETSI（欧州電気通信標準化機構）規格[23]により ICT システム用の電源装置、設備の仕様を標準化しており、通常の直流電圧

の動作範囲は、40.5～57.0V dc である。米国では ANSI（米国規格協会）規格[24]により電源システムの動作電圧範囲が標準化されており、その幅は 42.75～56.7V dc である。また、無線装置では 24V dc、その他用途により 12,130,140V dc などの公称電圧が ANSI 規格で定められている。

6.3.2 情報システム分野

近年情報処理系の設備が急増しており、データセンタなど特定の施設に集中設置し運用するケースが増えている。

省エネのため、ICT システムの電源電圧についても、従来の-48V dc から、400V dc 程度の高電圧に移行しようとする動きがある。欧州においては、ETSI が 2003 年に AC および DC の 400V までの規格[25]を制定し、2005 年から北欧の一部エリアで試行運用が開始された。

米国でも、カリフォルニア州など電力危機問題の背景も重なり、"直流配電"を検討するワーキンググループによって 2006 年 6～10 月直流配電のメリットを実機で定量的に検証するための実証プロジェクトが開始された。その実証は、バークレー国立研究所（LBNL）や米国電力研究所（EPRI）などが中心となり、多くの研究機関や ICT 機器メーカらが参画した。この実証で、直流配電電圧を確定するまでには多くの議論があった。IBM は 350V dc 仕様の機器をすでに有しており、通信用の-48V dc や将来の構想として検討されていた 500V dc も候補に挙がったが、結局、既存のサーバーなど ICT 機器の改造が最小限となり、かつ損失を低減できるとの理由から、380V dc が採用された。その検証結果は、2007 年 1 月に発行された報告書[7]にまとめられている。

2010 年には、IBM 社より 380V dc に対応したサーバーが発売されるなど、市場にも変化がみられる。また同年、米国では、カリフォルニア大学やエネルギー会社のデータセンタとして 380V dc 仕様に見合う設備・機器を設置し、新たな実証が開始されている。データセンタや情報システムの省エネ・高効率化のため検討がスタートした 380V dc 給電であるが、近年は分散型電源との組合せや建物・住宅内への展開など、適用範囲が徐々に広がりつつある。

6.4　標準化機関、および関連団体における活動状況
6.4.1　IECにおける活動

　IEC内部には、技術のジャンルごとに専門委員会（TC）および分科会（SC）が設立されており、その数は100以上にも及ぶ。近年注目されている直流給配電システムについては、情報通信施設以外にも、高信頼高機能を必要とする商用ビル、将来の住宅、分散型電源を取り入れたエネルギーシステム、また電気自動車への充電など多くの分野での活用、展開が期待されている。このような動きを踏まえ、スウェーデン国内委員会（SENC）がIECに対して、1500Vまでの直流配電システムの標準化検討のための戦略グループ（SG）の設立を提案、了承されSG4（Strategic Group 4：LV DC distribution systems up to 1500V DC in relation to energy efficiency）としての活動が2009年末から、従来のSG1（電気エネルギーの効率性）、SG2（UHV）、SG3（スマートグリッド）に続く形でスタートした。SG4は、各国のNCより推薦された15か国のメンバーで構成されている。

　SGの活動としては、TCやSCでの活動のように具体的な標準化の議論を行う場ではない。SG4の活動については、今後の各TCで検討する範囲の明確化と重複・漏れの防止、本分野における情報収集、ロードマップの作成と課題の明確化を整理する場としての役割が期待されている。電圧はIECの定義にある1500V dc以下が対象であるが、関連するTCは、PVなどの分散型電源を中心とした発電設備、開閉器・遮断器・ヒューズなどの配電保護機器の分野、ICTやAVなどのデジタル電子機器、照明器具、家電・医療機器などの負荷設備、および発電・配電・負荷のすべてに共通的に関わるEMCや絶縁、耐火などの技術分野が対象となる。なお、SG4の活動は2014年をもって発展的に解散され、2015年からはSEG4（System Evaluation Group）として、IECの組織内において拡大された活動が進められている。

　TCにおいても具体的な活動が始まっている。直流用の配線差込器具（コンセント・プラグ）に関しては、ETSIやCENELEC（欧州電気標準化委員会）からの検討依頼を受け、TC23（電気用品）の配下にWG8（直流

用配線器具）として作業部会が設けられ、2009年より活動を開始している。当面の検討範囲を400V級のデータセンタで使用されるコンセント・プラグにフォーカスし、形状や機能について検討がなされ、2015年にTS62735-1:2015として、2.6kWまでの直流コンセント・プラグの規格が発行された。

また、TC64（電気設備および感電保護）においても、直流配電・給電システムに関する検討のためのWGが設立され、交流を中心にまとめられている既存の規格との整合、差分の分析などの活動が2010年より始まっている。

6.4.2　ITUおよびETSIでの活動

情報通信分野のエネルギー増大に対処するため、ITUやETSIにおいても、ICTシステムを対象とした直流給配電システムの検討が2009年からスタートした。ITUでは、世界各国の通信事業者および通信機器メーカがメンバの中心となり標準化のための活動をしているが、2009年5月「環境と気候変動」に関しての研究委員会が、SG5（SG：Study Group）として活動を開始した。SG5の配下にはいくつかの作業部会が構成されているが、電磁気関連の課題を研究する部会の配下に、ICTシステムの給電系を検討するため、同分野の検討課題がSG5/WP3 Q19 Power Feeding Systemsとして議論されることになった。今後は、400V級の電圧条件の本格的な議論がスタートされる予定である。

また、ITUの欧州エリアの標準化団体であるETSI[25]においては、すでに400Vまでの国際標準がすでに制定されている。しかし、この標準は交流と直流の両用を認めたものであったため、電圧の範囲の再検討を含め、直流給電専用として見直し、標準の改定が予定されている。

1500V dc以下の電圧階級のうち、データセンタ用には400V dc、住宅用には60V dc以下の直流電圧を用いる検討が進んでいる。また、IECの活動に合わせて、ITU-T（国際電気通信連合 電気通信標準化部門）やETSI（欧州電気通信標準化機構）も、通信施設やデータセンタに適用する直流システム国際標準の検討を開始している。

6.4.3 その他の国際標準化動向

IEC や ITU/ETSI 以外の活動として、米国電力研究所（EPRI）、米国エネルギー省ローレンスバークレー研究所、および電機業界団体である Emerge[26] が、データセンタと建物内に適用する 380V dc、および 24V dc の業界標準の制定を進めている。380V dc については、IEC や ITU/ETSI と整合するために公称電圧、電圧範囲、接地方式など日々調整のための議論が進んでいる。24V dc については、適用先を一般建物内の部屋単位の給電方式とし、主に直流照明のための天井配線システム、器具接続・固定方法、センサ・制御に関する規定、直流電源装置との規定などが整理されており、Emerge より 2010 年 10 月に初版の標準が発行された。

7. まとめ

本章では、既存の交流配電方式に加え、近年注目を浴びている直流配電に関わる技術について、歴史的経緯、今日におけるとアプリケーション、特に電気通信用直流給電システムを軸にした広がり、および関連する標準化動向について解説した。我国を含む先進国の多くでは、電気エネルギーシステムのすべてが直流化されるのではなく、分散型電源、蓄電池、および負荷機器の特性・特長に合わせ、既存の交流システムとの組合せにより最適な運用やエネルギー利用ができることが理想と考えられる。既存の交流と比べて、直流に関する実績や関連する技術体系、各種資料・報告は十分でなく、本稿にてその一部を補足した。

参考文献

1) たとえば、柿ヶ野浩明・三浦友史・伊瀬敏史・打田良平：「超高品質電力供給システム「DC マイクログリッド」－システム構成と分散形電源および電力貯蔵装置の電力制御法－」，電学論 B, 126, 12, pp.1207-1214，2006.
2) 「燃料電池のための家庭用直流電力供給に関する調査報告書」，独立行政法人 新エネルギー産業技術総合開発機構（NEDO），2007.
3) 廣瀬圭一：「DC 電源の国際標準策定に向けた動き」，DC Building

Power Asia, 2010.

4) Brian Patterson, Dennis Symanski : "The Power to change building", EMerge Alliance, 2011.

5) 日本経済新聞:「国を開き 道を拓く③」, 平成23年1月4日, 2面.

6) 小新博昭:「住宅用直流配電システムの開発」, 電気評論, 94（3）, pp.34-37, 2009-3.

7) My Ton, B. Fortenbery, W. Tschudi : "DC Power for Improved Data Center Efficiency", LBNL report, 2007-1.

8) 田中憲光・馬場崎忠利:「データセンタ内における直流給電」, 電学誌, 130, 5, pp.289-292, 2010-5.

9) R. Lobenstein and C. Sulzberger : "Eyewitness to dc history", IEEE Power and Energy Magazine, Vol.6, Issue3, pp.84-90, 2008.

10) 廣瀬圭一:「欧州における直流給電システム調査訪問記」燃料電池 2007年夏号 Vol.7 No.1.

11) 電気設備技術史 平成3年, 電気設備学会.

12) 佐々木三郎:「直流技術の現状と将来」, エレクトロニクス実装学会誌, Vol.13, No.2, pp.114-121, 2010.

13) 廣瀬圭一:「情報通信用電源システムの動向」, H19年電気学会D部門大会講演論文集, 2-O3-5, 2007-8.

14) C Foster and M Dickinson : "High Voltage DC Power Distribution for Telecommunications Facilities", IEEE 30th International Telecommunications Energy Conference (INTELEC), 19-4, 2008.

15) ELTEK : "Flat Pack -Remote Power System Presentation-", 2006.1

16) IEC White paper, Coping with the Energy Challenge, The IEC's role from 2010 to 2030, Smart electrification － The key to energy efficiency, 2010-9.

17) たとえば、雪田和人他:「故障発生時におけるパラレルプロセッシング方式による分散型電源導入系統の給電方式の一検討」, 信学技報, Vol.110, No.151, EE2010-9, pp.21-26, 2010-7.

18) 廣瀬圭一:「直流技術と応用の動向」, 電学論B, Vol.131, No.4, pp.358-361, 2011.

19) The National Fire Protection Association (NFPA), National Electrical Code, Article 690.11 Arc-Fault Circuit Protection Direct Current, 2011.
20) 田中徹・山崎幹夫：「直流給電システムの発振条件・発振領域に関する解析」，信学技報，Vol.104，No.218，pp.23-28，2004．
21) 経済産業省原子力安全・保安院：「解説 電気設備の技術基準（第13版）」，文一総合出版，平成20年1月．
22) 市川紀充：「感電災害とその傾向」，電気設備学会誌，Vol.28，No.2，pp.119-122，2008-2．
23) ETSI 規　格：ETSI EN 300 132-2 V2.2.1 European Standard (Telecommunications series) Environmental Engineering (EE); Power supply interface at the input to telecommunications equipment; Part 2: Operated by direct current (dc), 2007-1.
24) ANSI 規格：T1.315-2001 Voltage Levels for DC-Powered Equipment Used in the Telecommunications Environment, 2001.
25) ETSI 規　格：ETSI EN 300 132-3 V1.2.1 European Standard (Telecommunications series) Environmental Engineering (EE); Power supply interface at the input to telecommunications equipment; Part 3: Operated by rectified current source, alternating current source or direct current source up to 400 V, 2003-8.
26) Emerge Alliance, http://www.emergealliance.org/ (Accessed 2011-01-19)
27)「内線規程」，需要設備専門部会編，JEAC8001-2011，日本電気技術規格委員会，JESC E0005(2011)．

第4章 電力制御

1. MPPT制御

　太陽電池は日射強度や素子温度によって出力特性が変化する特殊な電源である。図2-34に示すように、太陽電池の短絡電流は日射強度に比例して増加し、開放電圧は素子温度に比例して減少する。このように環境条件が変化することにより、最大電力を取り出すことができる動作点の位置が変化する。

　このため、太陽光発電用のパワーコンディショナでは、常に最大電力

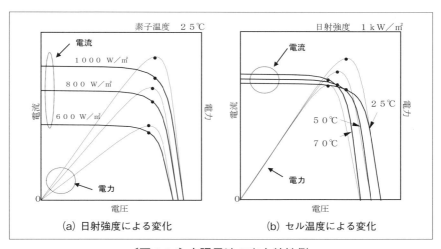

〔図2-34〕太陽電池の出力特性例

を取り出せるように最大電力追従（MPPT：Maximum Power Point Tracking）制御が必要とされる。

1.1　山登り法

MPPT制御の最も一般的な手法として山登り法がある。図2-35に示すように太陽電池の動作電圧Voを ΔV 変化させ、太陽電池の出力電力の増減を調べて、出力電力が増加する方向に動作電圧Voを移動させていく手法である。

太陽電池の最大電力点電圧Vpmは、太陽電池の開放電圧Vocにほぼ比例しており、Vpmは大抵の場合f・Voc（f=0.6～0.8）程度の範囲にあり、太陽電池モジュールの種類ごとにほぼ一定である。使用する太陽電池の特性（係数f）を把握できれば、起動前の電圧（＝開放電圧Voc）を基に、動作電圧指令値Vrefの初期値をf・Vocに設定することにより、起動初期の最大電力点への追従速度を上げることができる。動作電圧Voが指令値Vrefに一致した後は、山登り法により指令値Vrefを更新し、最大電力点を追従していく。

図2-34に示すように、太陽電池の最大電力点電圧Vpmは、日射変動ではあまり変化しないため、日射急減時も、現在の指令値Vrefの電圧を維持するように動作電圧Voが高速に制御されていれば、日射急減後

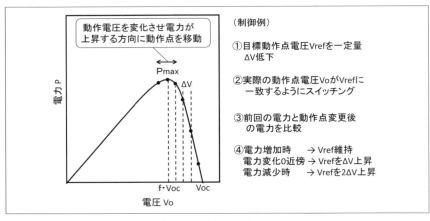

〔図2-35〕山登り法によるMPPT制御

もほぼVpmに近い位置で動作し、引き続き山登り法によるMPPT制御を継続する。日射急増も基本的に同様の動作となる。

1.2 電圧追従法

山登り法と並んで簡易なMPPT制御手法として電圧追従法がある。これは、前述のように太陽電池の最大電力点電圧Vpmは開放電圧Vocにほぼ比例していることから、定期的に太陽電池の出力を瞬間的に停止し、そのときの電圧（開放電圧Voc）の値を測定して、前述の比例係数fを乗じて、動作電圧指令値Vref（=f・Voc）を更新する手法である。

1.3 その他のMPPT制御法[1]

山登り法で用いた電力比較を行わずに太陽電池のMPPT制御を行う手法もいくつか提案されており、その一つの手法を紹介する。

太陽光発電用の系統連系インバータに採用例のあるMPPT制御法であるが、最大電力追従制御を行うための電力検出（具体的には入力電流検出）を省略することができることが特長である。

系統連系インバータの電流制御は、出力電流指令Icとインバータ出力電流Ioを一致させるように電流フィードバック制御を行っている。図2-36において電流指令の振幅値がaのとき、インバータの出力電流はフィードバック制御により電流指令に一致するように制御され、その結果、太陽電池の動作点は図2-36の太陽電池開放電圧のS点から、振幅aの出力電流を供給できるA点まで移動する。さらに、電流基準の

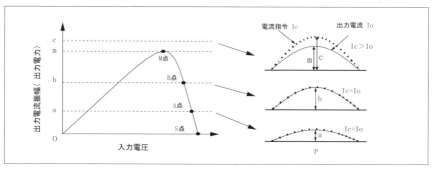

〔図2-36〕電流フィードバック制御情報に基づくMPPT制御

振幅値がb (a<b) まで上昇したときは同様にして太陽電池の動作点はA点からB点まで移動する。出力電流指令の振幅値を大きくすることで、太陽電池の動作点は開放電圧から最大電力点に向かって移動する。しかしながら、出力電流指令の振幅値がc (m<c) まで上昇すると、太陽電池出力が不足して、出力電流が出力電流指令に達することができない。このように出力電流指令の振幅値が最大電力点以上の電流を要求すれば、電流誤差信号 $e=Ic-Io$ は常に正の値をとり、その結果、インバータを駆動するゲート信号のオン時間は単調増加する。図2-37ではこの様子を、電流指令の振幅値がaからbに変化したときと、bからcに変化した場合についての比較を示している。aからbへの電流基準の振幅値の上昇では電流指令振幅aからbへの上昇に伴って、ゲートオン時間は増加し、出力電流Ioと電流指令Icとの差は小さくなり、ゲートオン時間は一定値に収束する。これに対してbからcへの電流指令の振幅値の上昇では電流指令Icに出力電流値Ioが達しないために、電流誤差信号が常に正の値となり、ゲートオン時間は一定値に収束せずに発散する。

　そこで、電流指令を上昇させる期間と、電流指令の上昇を停止する期間を交互に設け、上昇停止期間にゲートオン時間の単調増加をチェックする。たとえば電流誤差信号の符号が正となる回数が所定回数以上継続したとき、動作電圧が最大電力点電圧よりも低下する方向へ移動したことを認識して、動作電圧を電流指令値変更前に戻すことにより最大電力

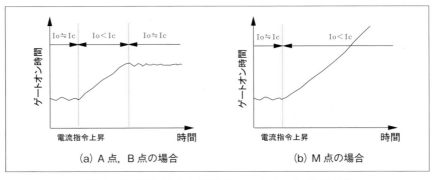

〔図2-37〕電流指令上昇時のゲートオン時間の変化

点追従が行われる。ここで、電流誤差信号符号のチェックは、電流指令値が最大となる位置(図2-36のP点)における電流誤差信号に対して実施される。また、日射量急減による電力減少に対処するため、動作電圧の時間変化率に応じて電流指令を降下させ、動作電圧を維持する制御を併用している。

1.4 部分影のある場合のMPPT制御

太陽電池モジュールのアレイの一部に影がかかると、太陽電池アレイの出力特性(P-Vカーブ)は単一ピークではなく、図2-38のように複数のピークを持つ場合がある。前述の各MPPT制御では、真の最大電力点ではない極大点で動作してしまう場合があり、太陽電池アレイの最大電力点を追従できないという課題がある。

この課題に対応する手段として、太陽電池アレイの出力特性を自動計測し、そのときの最大電力点で動作させることによりMPPT制御を行う方法がある。太陽電池アレイの出力特性の計測は、太陽電池の出力電圧を開放電圧から0Vまで高速にスキャンして行われるが、スキャンする電圧レンジはある程度限定することにより、電力変動を極力抑制することができる。

1.5 MPPT制御の課題

住宅用太陽光発電システムの代表的なシステム構成例を図2-39に示

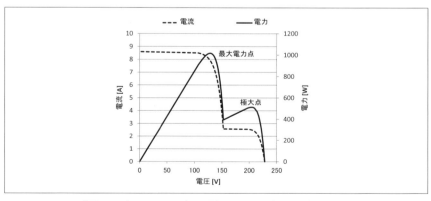

〔図2-38〕アレイに部分影がある場合の出力特性例

す。最も一般的な一括入力方式（図2-39（a））は、太陽電池モジュールの直列アレイ（ストリングと呼ばれる）を接続箱内の逆流防止ダイオードを介して並列接続し、一括してパワーコンディショナ（PCS）に入力される。しかし、住宅用などでは屋根面積の制約でストリングごとの直列枚数を揃えることができない場合がある（図2-39（b））。太陽電池モジュールの直列枚数の異なる二つのストリングA、Bを並列接続した場合の太陽電池アレイ特性はたとえば図2-40（a）のようになる[2]。各々のストリングの最大電力はP(A)、P(B)であるが、その合成特性の最大電力P(A+B)は各々の最大電力の和P(A)+P(B)より小さくなり、一括入力方式では本来の最大電力を取り出すことができない。また、前述の通り、通常のMPPT制御では、図2-40（a）のP(A)の位置を最大電力点と認識して動作する場合もある。そこで、図2-40（b）のように電圧の低いアレイBを昇圧して、アレイAの最大電力点電圧と一致させて並列接続すれば本来の最大電力を取り出すことができる。この考えのもとに実用化されたPCSのシステム構成を図2-41に示す。ここでは、昇圧回路でアレイBのMPPT制御を行い、さらにアレイAの出力電力と合成された

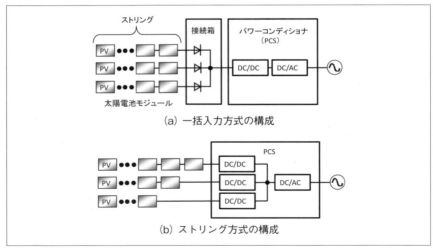

〔図2-39〕太陽光発電システムの構成

電力に対して、インバータ部でMPPT制御を行う構成となっている。

さらに図2-39（b）のストリング方式は、太陽電池ストリングごとにPCSに入力され、各々のストリングに対応したDC-DCコンバータがMPPT制御を行う。このため、太陽電池モジュールの直列枚数がストリングごとに異なる場合、各ストリングの設置方位が異なる場合、および一部のストリングに部分影が生じる場合など、ストリングごとに最大電力点電圧が異なる場合においても、ストリング方式は効率的に最大電力を取り出せるシステム構成である。

図2-42の回路はストリング方式のシステムに用いられるPCSの実用

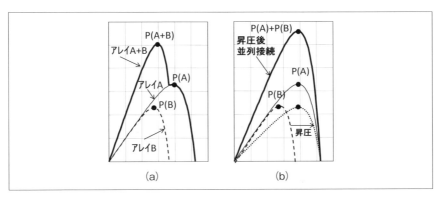

〔図2-40〕太陽電池アレイの電圧－電力特性

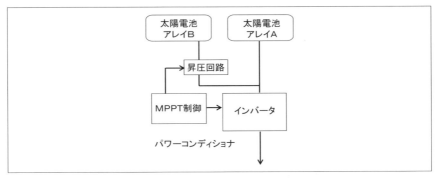

〔図2-41〕2チャンネルMPPT制御システム構成例

化回路例である。図2-42では、各ストリングを入力とする複数の電流共振形DC-DCコンバータを出力端で並列接続して、後段にPWMインバータを配した構成となっている。各々のDC-DCコンバータは図2-43に示すように、独立したMPPT制御機能を有しており、出力電圧が異なるストリングに対しても、各々の最大電力点で動作することにより、

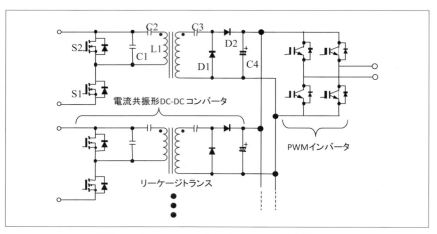

〔図2-42〕ストリング方式PCSの回路構成例

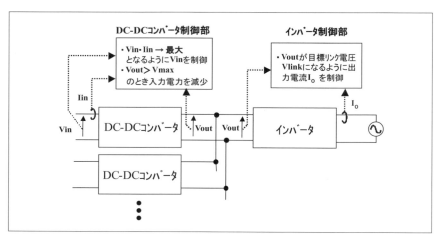

〔図2-43〕ストリング方式PCSの制御構成例

システム発電効率の向上に寄与している[3]。各 DC-DC コンバータの制御部は各々、MPPT 制御と、DC リンク電圧 Vout の上限電圧 Vmax だけを制御し、インバータ制御部は DC リンク電圧 Vout を目標リンク電圧 Vlink（<Vmax）に一定制御を行う。各ユニットの制御は完全に独立動作させることができるため、DC-DC コンバータの増設も容易である。

またストリング方式以外にも、各太陽電池モジュールごとに MPPT 機能と電圧調整機能を持たせることにより、太陽電池への部分影による発電量の低下を可能な限り低減しようとするマイクロコンバータ方式や、太陽電池モジュールごとに小型の系統連系インバータを設置したマイクロインバータ方式のシステムも提案されている。

参考文献
1) 小玉他：「住宅用太陽光発電システム用インバータ」，シャープ技報，第 70 号，pp.49-53，1998.
2) 小玉他：「住宅用太陽光発電システム用マルチパワーコンディショナ」，シャープ技報，第 77 号，pp.73-78，2000.
3) 西村他：「マルチストリング対応 MPPT 機能を有する太陽光発電システム用ストリングパワーコンディショナ」，パワーエレクトロニクス研究会論文誌，Vol.28，pp.67-72，2002.

2. 双方向通信制御
2.1 はじめに

　自給自足性の高い安定したエネルギーの確保や地球温暖化防止を目指した取組みの中、効率的な電力エネルギー利用は電力需給などに関して私たちが抱える様々な課題解決における重要なテーマである。集中・単方向の従来の電力網から分散・双方向の次世代電力網実現に向けた研究開発が世界で盛んに行われている[1,2]。日本では6.6kV配電網における双方向電力フロー制御に適用可能な絶縁型双方向DC/DC電力変換器の検討が行われている[3]。最近、ワイドギャップ半導体を用いた双方向DC/DC電力変換器が試作されており、これをキーデバイスにしたエネルギーインターネット構想も提案されている[2]。

　今後、パワー半導体は高パワー密度化、高エネルギー効率化、および小型化が進展し、様々な機能を持つ電力変換器として、配電網から給電網に組み込まれて、エネルギー供給基盤として効率的な電力利用に貢献すると考えられる。一方、配電網への再生可能エネルギー源の大量導入に伴う需給バランス調整、余剰電力融通、災害に強いネットワークトポロジーの実現のためには、電力のルーティング機能、自律分散協調型のグリッド間連携機能、および遮断機能の三つの機能が必須になる。異地点に存在するこれらの機能ブロックを高精度に時間同期して制御するこ

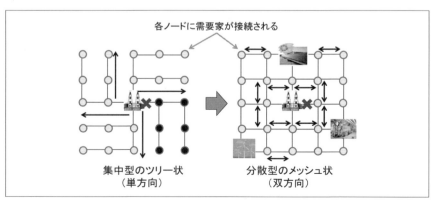

〔図2-44〕従来の電力網と次世代電力網（エネルギーインターネット）

とが必要になる。

電力融通が容易で、災害にも強い自律分散協調型の電力網の制御について解説し、その制御に求められる双方向通信の要件について解説する。

2.2　自律分散協調型の電力網「エネルギーインターネット」

現在の集中・単方向型の電力網が分散・双方向型になることによる利点は複数ある。

まず、災害に強いネットワークトポロジーの電力網に分散したエネルギー源を接続することによるリジリエンスの向上である。リジリエンスは危機に対する強靭さであり、地震などの自然災害に対する被害を最小化し、迅速な回復を果たす力と言われている。図2-44に示すように現在のツリー状で集中・単方向型の電力網で、発電所に近い個所で事故が起きると多くの家庭が停電になる。一方、メッシュ状で分散・双方向型の電力網では、複数のエネルギー源から複数のルートで電力供給を受けられるので、被害を最小にできる。

次の利点は電力消費のピークカットあるいは平準化である。図2-45の電力消費量の時間変化からわかるように、昼間に電力消費量はピークとなる。このピークの需要を満たせるように発電所が建設されている。したがって、電力消費を平準化できれば、発電量換算で発電設備を

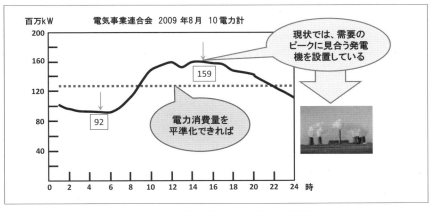

〔図2-45〕電力消費量の変化と平準化

20%以上削減できることになる。平準化するには蓄電池を充電するなどして、夜間の余剰電力を活用して昼間の発電量を抑えることが考えられる。しかし、電気自動車の普及が進むと考えられるが、蓄電池のコストは高い。そこで、図2-46に示すように、余剰電力を持つノード（グリッド）から電力が不足しているノード（グリッド）にリアルタイムに電力融通する方法がある。これは、最上流に位置する発電所から見れば、電力消費の平準化になる。図2-46では表現されていないが、電力網は送電網、配電網、さらに給電網などの階層構造になっているので、様々なレベルのグリッド間でエネルギー融通が実現できると効率のよい平準化になる。

　最後の利点は太陽光発電などの自然再生可能エネルギー源の大量導入を実現することである。太陽光発電は気候により出力が大きく変動する特性を持っており、大量に系統に接続されると、需給バランスがくずれて周波数変動や配電網の電圧が変動する懸念が指摘されている[4]。図2-47は、集中型で単方向の電力系統における需給バランスと周波数および電圧制御の関係を、水流のアナロジーで説明している。図2-48は、出力変動の大きな太陽光発電が大量導入されて系統に接続された場合、太陽光発電から需要に対して過剰に電力が供給されると、系統の周波数や電圧の変動が生じている状態を示している。

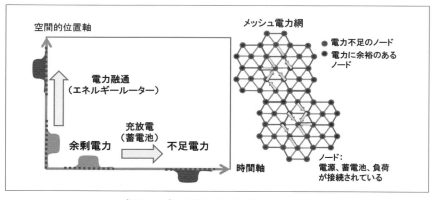

〔図2-46〕消費電力量平準化の方法

この問題を解決する自律分散協調型電力網を水流のアナロジーで説明したのが図2-49である。電力系統に対応するのが中央の水槽であり、下位グリッドは水流の調整弁を通じて接続されている左右の水槽に対応する。下位グリッドは自然再生エネルギー源や蓄電池を持っており、自律運転できる。風力発電からの余剰電力を持つ下位グリッドは系統に電

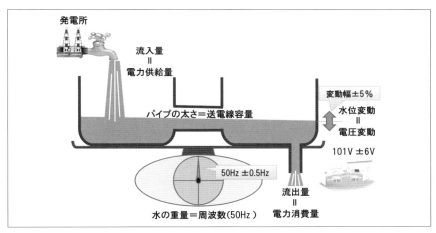

〔図2-47〕集中型・単方向の電力系統の制御

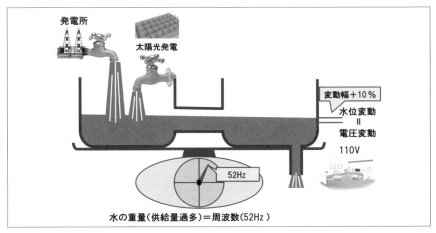

〔図2-48〕自然再生エネルギー源大量導入の影響

力を戻し、太陽光の発電量が少ない下位グリッドは系統から電力供給を受けている様子を示している。図中の調整弁が双方向の電力変換器の機能を持ち、系統の需給バランス、周波数、および電圧の調整に貢献する。さらに、図2-50は電力系統のノードに相当する中央の水槽に調整弁を

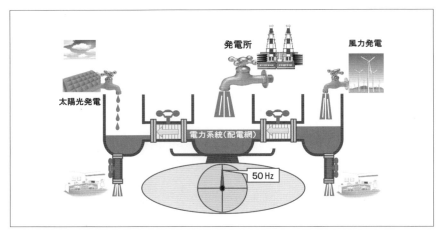

〔図2-49〕自律分散協調制御型の電力網

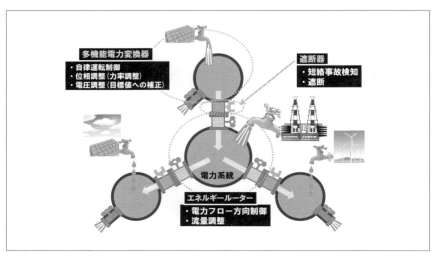

〔図2-50〕自律分散協調型の電力網を構成する三つの機能

通じて接続された自律型の下位グリッドに対応する三つの水槽を上方から見た様子を示している。自律分散協調型の電力網構成に必要な三つの機能を説明している。三つの下位グリッドは自律運転が可能であり、中央の電力系統のノード（中央の水槽）を介して、相互に電力（水）を融通することができる。また、電力系統のノード（中央の水槽）は電力（水流）が流れる方向と量を調節するエネルギー・ルーター[5]の役割を持つ。すなわち、自律分散協調型の電力網を構成するには、多機能電力変換器、エネルギー・ルーター、および高速遮断可能な半導体遮断器[6]の三つの機能が必要になる。

2.3 自律分散協調型電力網の制御システム

自律分散協調型の電力網の例を図2-51に示す。配電変電所からの電力が多機能電力変換器とエネルギー・ルーターを介して中央のAC6.6kVのループ型の配電網に供給されている。この配電網にはエネルギー・ルーターと多機能電力変換器を介して、同じくAC6.6kVのループ型のバスを共有する下位グリッドとDC400Vのループ型のバスを共有する下位グリッドが接続されている。それぞれの下位グリッドは発電機を持っており、自律運転が可能である。需給バランスを調整しながら、中央の配

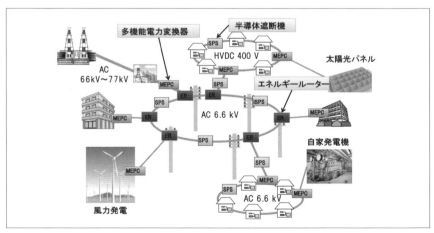

〔図2-51〕自律分散協調型の電力網の例

電網の周波数と電圧を規格内に維持するには、異地点に存在する複数の多機能電力変換器とエネルギールーターはリアルタイムに相互通信しながら、電力流を制御する必要がある。また、配電網内で短絡事故などが起きた場合には、事故の発生を検知して、事故個所の同定と遮断を速やかに行う必要がある。このため、事故検知機能を持つ遮断器も相互通信する機能を持つ必要がある。

　自律分散協調型電力網の構築で重要な多機能電力変換器[2)]の役割を説明する。図2-52は多機能電力変換器が図2-44に示したメッシュ状の6.6kV配電網の一つのノードに接続されている状態を示している。多機能電力変換器はAC6.6kVをDC400Vに変換する。このDC400Vをバス線として、DC/AC変換で家電製品などの負荷に電力を供給したり、双方向DC/DC変換で蓄電池の充放電を制御する機能を持つ。さらに、電力変換器を介してDC400Vのバス線に太陽光パネルや風力発電機を接続することができる。多機能電力変換器の役割を6.6kV配電網との関係で整理すると、双方向の電力フロー制御、力率調整、無効電力発生による電圧調整などがある。また、6.6kV配電網から遮断されても多機能電力変換器以下の下位グリッドは自律運転が可能である。配電網の各ノードに多機能電力変換器が接続されているとすると、すべての多機能電力変換器は

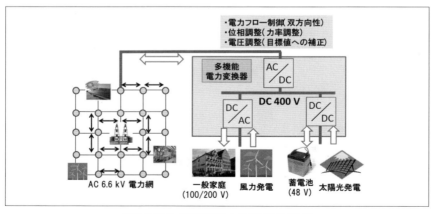

〔図2-52〕多機能電力変換器の役割

協調動作して、配電網における需給バランスを調整し、周波数と電圧を規格内に維持する。

自律分散協調型の電力網の制御システムの全体を図2-53に示す。このシステムは物理層である電力網とその制御を行うサイバー層が緊密に連携するサイバー・フィジカルシステム（Cyber-Physical System）となる[7]。電力網のリアルタイム制御は電力網の状態を把握するためのセンシング情報収集プロセスから始まる。具体的には電力網に遍在する多数のセンサーから電流、電圧の振幅と位相を集める。次に、リアルタイム情報処理プロセスとして、センシング情報から制御対象の周波数や電圧を予測計算するとともに、予測に基づいて、最適な電力フローの決定を行う。また、短絡事故の有無やその個所を同定する計算と分析を行う。最後に、制御指令発出プロセスとして、最適な電力フローを実現するため、エネルギールーター、多機能電力変換器、および遮断器に指令を送る。次世代電力網制御では、リアルタイム性を強く求めない制御プロセスもある。スマートメーターで測定された個々の家庭の電力消費量、電力設備のモニタリング情報、あるいは電力消費量と関連する環境情報などの収集と

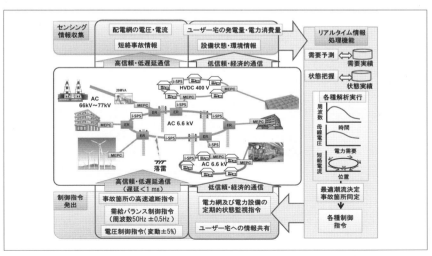

〔図2-53〕自律分散協調型の電力網の制御システム

活用プロセスである。これらはデーターベース化されて予測に使われたり、電力設備の維持計画に使われる。これらはリアルタイム性よりも経済性を求められる制御プロセスである。したがって、電力網を構成するエネルギールーター、多機能電力変換器は基本的に双方向通信機能を必要とするが、高い信頼性と低遅延の通信が必要な制御と、低信頼だが経済的通信が必要な制御に分類される。前者の通信には光ファイバー通信技術が、後者の通信には経済的な無線通信技術が適している。

２．４　自律分散協調制御システム階層と制御所要時間

自律分散協調制御における通信遅延や時刻同期の問題を整理しておくため、制御システム階層を図2-54に示した。制御システムを物理層、プラットフォーム層、およびソフトウエア層に分けている。物理層には三つの電力変換器が電力網と通信網で相互接続されている。また、各電力変換器は電圧、電流および温度センサーを具備している。物理層の上位にプラットフォーム層があり、組み込みプロセッサーとオペレーティングシステムがセンシング情報処理、パワーデバイス制御、通信制御などを効率的に行う。通信制御プラットフォームは通信パケットのリアル

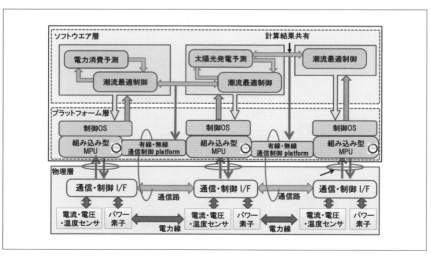

〔図2-54〕自律分散協調制御システムの階層

タイム性と優先順位に関する要求に応じて、有線または無線の通信手段を確保する。最上位のソフトウエア層では潮流最適制御、電力消費と発電の予測、短絡事故後の復帰判断などについて制御対象のモデル化に基づくアルゴリズムで計算する。その結果は個々の組み込みプロセッサーに共有される。制御遅延を圧縮するにはリアルタイム制御では異地点にある各組み込みプロセッサーのクロックは高精度に同期していることが重要になる。

図 2-55 に一つの制御プロセスに関わる所要時間の要因を示した。潮流制御を行うサーバーが異地点にある多機能電力変換器を制御するケースを想定している。最初に、制御対象の電力網の電圧・電流をセンシングして収集する。次に、最適潮流計算を行い、制御コマンドを電力変換器に送る。変換器が動作して、電力網の状態が変わり、新しい状態の電圧・電流情報が制御サーバーに戻るまでを一つの制御プロセスと考える。制御所要時間を要因別に見ると、通信時間、計算時間（制御サーバー）、および信号処理時間（電力変換器内の A/D 変換、フォーマット変換など）となる。実際には、制御系は離散的な論理時間を用いているので、タイ

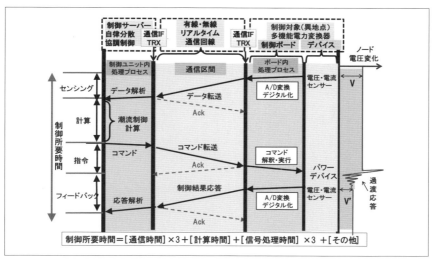

〔図 2-55〕制御所要時間の内訳

ミングの不一致による待ち時間や通信におけるデータの衝突回避のために待ち時間が加わる。これらの遅延要因を圧縮するには、各機能ブロックが持つクロックが高精度に同期していることが重要である。アクセス系の光ファイバーを用いた経済的な手法で20km圏内で100ns以下の誤差で時刻同期する技術が報告されている[8]。制御に関わるセンシングデータやコマンドデータを送るパケットサイズは20byte程度である。これを通信速度で割れば通信時間を得る。一つの制御プロセスを10ms内で行うには、以上述べた所要時間要因の合計が10ms以下になるように設計することになる。

参考文献

1) Rikiya Abe, Hisao Taoka, David McQuilkin : "Digital Grid: Communicative Electrical Grids of the Future", IEEE TRANSACTIONS ON SMART GRID, Vol.2, No.2, pp.399-410, 2011.

2) Huang.A.Q., Crow.M.L., Heydt.G.T., Zheng.J.P., Dale.S.J. : "The Future Renewable Electric Energy Delivery and Management (FREEDM) System: The Energy Internet", Proceeding of the IEEE, Vol.99, pp.134-148, Jan 2011.

3) 井上重徳, 赤木泰文:「次世代3.3kV/6.6kV電力変換システムのコア回路としての双方向絶縁型DC/DCコンバータ」, 電学論D, 126巻3号, pp.211-217, 2006.

4) 次世代送配電ネットワーク研究会:「低炭素社会実現のための次世代送配電ネットワークの構築に向けて」, 次世代送配電ネットワーク研究会報告書, 2010年4月.

5) Yi Xu, Jianhua Zhang, Wenye Wang, Avik Juneja, and Subhashish Bhattacharya : "Energy Router: Architectures and Functionalities toward Energy Internet", Proceedings of the IEEE Smart Grid Communications Conference, pp.31-36, 2011.

6) Yukihiko Sato, Yasunori Tanaka, Akiyoshi Fukui, Mikio Yamasaki, Hiromichi Ohashi : "SiC-SIT Circuit Breakers With Controllable Interruption

Voltage for 400-V DC Distribution Systems", IEEE Transactions on Power Electronics, Vol.29, No.5, pp.2597-2605, May 2014.
7) Janos Sztipanovits, Xenofon Koutsoukos, Gabor Karsai, Nicholas Kottenstette, Panos Antsaklis, Vijay Gupta, Bill Goodwine, John Baras, and Shige Wang : "Toward a Science of Cyber–Physical System Integration", Proceeding of the IEEE, Vol.100, No.1, pp.29-44, 2012.
8) 田代隆義, 寺田純, 吉本直人:「時刻同期対応集合型メディアコンバータの試作評価」, 電子情報通信学会通信ソサイエティ大会, 通信講演論文集2, p.176, 2013.

第5章 安定化制御と低ノイズ化技術

1. 系統安定化
1.1 系統連系される分散電源のインバータの制御方式

　系統に連系されている分散電源のインバータの多くは、系統への出力電力と分散電源の出力電力が等しくなるように制御する必要がある。そのため出力電力を容易に制御でき、かつ系統の電圧変動などの擾乱に対しても過電流になりにくい交流電流制御が行われている。交流電流制御は電流フィードバックによってインバータの電圧指令値を制御することで系統へ流れる電流を指令値に追従させる制御である。一般的な制御ブロック図を図2-56に示す。

　電流制御では系統に流れる電流（i_{gra}、i_{grb}、i_{grc}）を有効電流i_dと無効電流成分i_qに分け、それぞれが指令値i_d^*、i_q^*通りになるようにインバータの出力電圧v_a^*、v_b^*、v_c^*を制御するものである。この制御にはインバータの出力電力を直接制御することができるという利点があり、系統に接続されている分散電源の多くに用いられている。電流制御のインバータの問題点として、出力電圧・周波数を系統に依存していることが挙げられる。また、同期発電機では回転子に慣性があるため、回転数を変動させることで系統の擾乱を吸収することができるが、電流制御の分散電源にはその特性がないことも問題点の一つである。

　電流制御のインバータでは図2-56に示すように系統電圧（v_{gra}、v_{grb}、v_{grc}）をフィードバックし、PLL（Phase Lock Loop）を用いて系統の電圧位

相を検出し、それを基にして制御されている。そのため、インバータは系統の周波数に追従して運転を行っている。系統に連系されているインバータ連系の分散電源は、系統に接続されている同期発電機が決める電圧周波数に依存して運転されている。そのため、系統で発生した擾乱は同期発電機が吸収し、電流制御の分散電源に擾乱を吸収しない。したがって、系統に電流制御の分散電源が増えると系統は不安定になる。

また、インバータ連系の分散電源には、同期発電機と異なり、電力の変動を運動エネルギーに変換して吸収できる慣性がないため、インバータ連系の分散電源が増えると系統全体の慣性が減少し、周波数変動が大きくなりやすい。このことにより、インバータ連系の分散電源が増加すると系統の安定性が低下する。

1.2 自立運転

1.1節で述べた電流制御では、周波数を系統に依存しているため、系統と接続されていない自立運転時には使用することができない。そのため、一般的には、電源が一台のみの場合は、CVCF（Constant Voltage Constant Frequency）制御で運転される。これは、分散電源が定電圧・定周波数で運転することで、分散電源自身が周波数・電圧を定める制御方

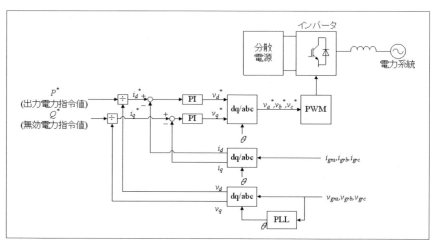

〔図2-56〕一般的な系統連系インバータの制御ブロック図

式である。この運転では、系統連系から自立運転に切り替えるときは、一度発電機を停止し、制御を切り替え、再起動する必要がある。逆に自立運転から系統連系に切り替えるときも同様である。

　分散電源複数台の自立系統では一般的にマスター・スレーブと呼ばれる制御が用いられている。構成図を図2-57に示す。この制御では、最も容量の大きい分散電源一台がCVCF（Constant Voltage Constant Frequency）制御で運転され、残りの分散電源は電流制御で運転される。CVCF制御で運転している分散電源をマスターと呼び、残りの電流制御で運転している電源をスレーブと呼ぶ。マスターが自立系統における電圧・周波数を決定し、それに依存してスレーブが運転されている。この制御方式では、スレーブが運転を停止しても運転継続が可能であるが、マスターが何らかの理由で運転停止すると、スレーブも運転が不可能になる。また、負荷変動は基本的にすべてマスターが吸収することになり、マスターのインバータ容量は大きくする必要がある。また、マスターが吸収できないような負荷変動が発生すると系統が不安定になる。また、この制御でも、系統連系と自立運転の間の無瞬断での移行は困難である。

　マスター・スレーブ制御以外の制御法として、参考文献[1]に示されているようなドループ制御を用いた自立運転もある。参考文献における系統構成図を図2-58に示す。この制御では燃料電池発電PAFC1～PAFC4

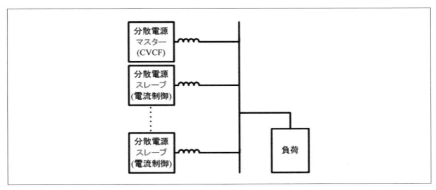

〔図2-57〕マスター・スレーブ運転の構成図

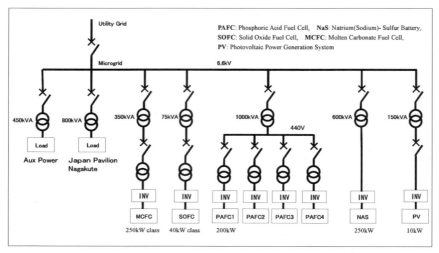

〔図2-58〕自立運転マイクログリッド構成図（参考文献[1]より）

の出力周波数にドループ制御（垂下特性）を適用し、4台の間で協調しながら、自立系統の周波数電圧を決定する。そのほかの電源は電流制御で運転されている。この制御方式も自立運転のみで適用可能なものであり、系統連系時はすべて電流制御で運転している。そのため、系統連系と自立運転の間の無瞬断での移行は困難である。

1.3 仮想同期発電機

インバータの系統との同期方式は自立運転時のマイクログリッドの電力品質確保やインバータ連系の分散電源の大量導入時に系統安定化に極めて重要である。インバータ連系の分散電源を従来行われているPLL（Phase Locked Loop）に代わり、同期発電機のように制御する「仮想同期発電機（Virtual Synchronous Generator：VSG）」の考え方は、インバータを任意の慣性を持った同期発電機のように振る舞わせることができるため、系統安定化に有効であると言われている。仮想同期発電機の概要を図2-59に示す。

短時間電力貯蔵装置では、同期発電機の慣性によって蓄えられる運動エネルギーに相当する電力を貯蔵することとなる。これによって、分散

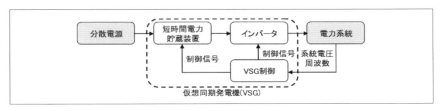

〔図 2-59〕仮想同期発電機の構成

電源に仮想的に慣性を持たせることが可能となる。仮想同期発電機制御ではインバータに同期発電機と同じ特性を模擬させる制御を行う。これらによって、分散電源に同期発電機と同様の特性を持たせ、ほかの発電機と同期化力によって自律的に同期を取ることができ、また仮想的な慣性によって、系統に発生した擾乱を吸収し、系統の安定性を向上することができる。また、系統連系と自立運転の遷移において、制御方式を電流制御と電圧制御で切り替えが不要であるため、系統連系と自立運転とを無瞬断で切り替えることが容易となる。

仮想同期発電機では、同期発電機の特性を模擬するため、従来同期発電機で用いられてきたガバナや負荷周波数制御といった制御をそのまま仮想同期発電機に適用することが可能であり、分散電源複数台運転や同期発電機との並列運転においても、従来行われてきたような発電機の制御で負荷分担などが可能となる。また、電力系統解析においても仮想同期発電機を適用した分散電源は既存の同期発電機と同様なものとみなすことができ、従来の解析手法を適用することができるという利点がある。

インバータ連系の分散電源に同期発電機の特性を模擬する制御方式としてはいくつかの方式が提案されている。いずれの方式でも、図 2-60 に示すようなシステム構成となっている。同期発電機モデルの構成によって種々の方法がある。文献[2〜5]にあるように同期発電機の動揺方程式を用いる方式のほかに、VISMA[6,7] や代数型発電機[8,9]、Syncronverters[10,11] などは Park の式を用いて同期発電機のリアクタンスの特性なども考慮したモデルとなっている。また、VISMA や代数型発電機では Park の式を用いて同期発電機の特性を模擬した電流指令値を算出し、交流電流制

御を用いて制御している。VCO（Voltage Controlled Oscillator）方式[12～16]は、分散型電源の発電電力と系統への出力電力のバランスの関係からVCOおよび積分器を用いて位相指令値を作り出している。表2-5に各方式の特徴をまとめて示す。

仮想同期発電機の構成例を以下に示す。P_{in}を分散電源の出力電力指令値、P_{out}を実際のインバータの出力電力として、動揺方程式から算出される（2-11）式に代入して、ω_mについて（2-11）式[1)]を数値的に解く。求まったω_mを仮想的な機械角速度と呼ぶことにする。ω_mを積分すると仮想的な機械角位相θ_mが求まる。これを出力電圧の位相指令値としてインバータを制御することで同期発電機の特性を模擬することができる。出力電圧の大きさ別途得られる指令値に従って制御する。制御ブロ

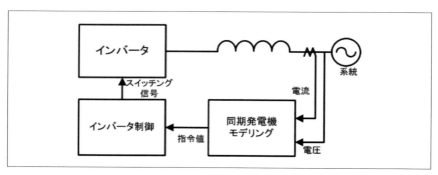

〔図2-60〕インバータ連系の分散電源に同期発電機の特性を模擬する制御系のブロック図

〔表2-5〕インバータ連系の分散電源に同期発電機の特性を模擬する各種の制御方式

名称	同期発電機のモデリング		インバータ制御への指令値	参考文献
	慣性を模擬	Parkの式を模擬		
VSG （Virtual Synchronous Generator）	○	×	電圧	2～5)
VISMA （Virtual Synchronous Machine）	○	○	電流	6、7)
代数型発電機	×	○	電流	8、9)
Synchronverters	○	○	電圧	10、11)
VCO （Voltage Controlled Oscillator）方式	○	×	電流	12～16)

ックを図 2-61 に示す[2]。また、ガバナおよび系統電圧制御 (AVR) を適用した場合の制御ブロックを図 2-62 に示す[17]。

$$\frac{d\omega_m}{dt} = \frac{P_{in} - P_{out} + D\dfrac{\omega_g - \omega_m}{\omega_g}}{J\omega_m} \quad \cdots\cdots\cdots\cdots\cdots\cdots\cdots\cdots (2\text{-}11)$$

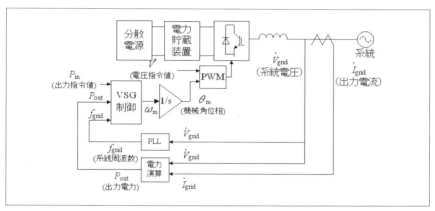

〔図 2-61〕仮想同期発電機の構成例

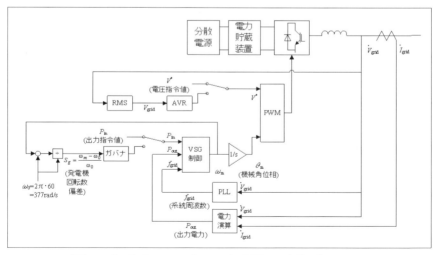

〔図 2-62〕ガバナおよび AVR を適用した制御ブロック図

参考文献

1) 角田二郎，西岡宏二郎，野呂康宏，篠原裕文，伊藤洋三，矢吹正徳，川上紀子：「新エネルギー発電装置を用いたマイクログリッドの自立運転の検討」，電気学会論文誌B，Vol.127，pp.145-154，No.1，2007．
2) 崎元謙一，三浦友史，伊瀬敏史：「仮想同期発電機によるインバータ連系形分散電源を含む系統の安定化制御」，電気学会論文誌B，Vol.132，No.4，pp.341-349，2012．
3) M.P.N.van Wesenbeeck, S.W.H.de Haan, P.Varela, K. Visscher, : "Grid Tied Converter with Virtual Kinetic Storage", PowerTech, pp.1-7, June28-July2 2009.
4) M.Torres, L.A.C.Lopes, : "Virtual Synchronous Generator Control in Autonomous Wind-diesel Power Systems", Electrical Power & Energy Conference (EPEC), pp.1-6, October22-23 2009.
5) Yang Xiang-zhen, Su Jian-hui, Ding Min, Li Jin-wei, Du Yan, : "Control Strategy for Virtual Synchronous Generator in Microgrid", 4th International Conference on Electric Utility Deregulation and Restructuring and Power Technologies (DRPT), pp.1633-1637, July6-9 2011.
6) Yong Chen, R.Hesse, D.Turschner, H.-P.Beck, : "Improving the Grid Power Quality Using Virtual Synchronous Machines", International Conference on Power Engineering Energy and Electrical Drives (POWERENG), pp.1-6, May11-13 2011.
7) H.-P.Beck, R.Hesse, : "Virtual Synchronous Machine", 9th International Conference on Electrical Power Quality and Utilization (EPQU), pp.1-6, October9-11 2007.
8) 古賀毅，川村正英，杉本和繁，遠藤裕司：「仮想発電機モデルを用いた電力変換装置のマイクログリッド連系制御」平成18年電気学会全国大会，Vol.2006，No.4，pp.122-123，2006．
9) 平瀬祐子，阿部一広，杉本和繁，進藤裕司：「代数型仮想発電機モデルによる系統連系インバータ」，電気学会論文誌B，Vol.132，No.4，pp.371-380，2012．

10) Qing-Chang Zhong, G.Weiss, : "Synchronverters: Inverters That Mimic Synchronous Generators", IEEE Transactions on Industrial Electronics, Vol.58, No.4, pp.1259-1267, April 2011.

11) Yan Du, Jianhui Su, Meiqin Mao, Xiangzhen Yang, : "Autonomous Controller Based on Synchronous Generator dq0 Model for Micro Grid Inverters", IEEE 8th International Conference on Power Electronics and ECCE Asia (ICPE & ECCE), pp.2645-2649, May30-June3 2011.

12) 原田耕介，村田勝昭：「太陽電池と商用交流電源のインターフェース回路」，電気通信学会論文誌C，Vol.J69-C，No.11，pp.1458-1464，1986.

13) 大西徳生，古橋昌也，川崎憲介：「分散形個別連系太陽光発電システム」電気学会論文誌D，Vol.115，No.12，pp.1448-1455，1995.

14) Takashi Hikihara, Tadashi Sawada, Tsuyoshi Funaki, : "Enhanced Entrainment of Synchronous Inverters for Distributed Power Sources", IEICE Transactions on Fundamentals, Vol.E90-A, No.11, pp.2516-2525, November 2007.

15) 南正孝，引原隆士：「受動性に基づく分散型電源の配電系統連系制御方程式に関する検討」，システム制御情報学会論文誌，Vol.25，No.10，pp.257-265，2012.

16) 北条昌秀，池下亮，植田喜延，舟橋俊久：「系統連系自励式変換器の運転位相制御方式の検討」，パワーエレクトロニクス学会誌，Vol.38，pp.108-112，2013.

17) 崎元謙一，三浦友史，伊瀬敏史：「仮想同期発電機によるインバータ連系形分散電源の並列運転特性」，電気学会論文誌B，Vol.133，No.2，pp.186-194，2013.

2. 低ノイズ化技術

近年、低炭素社会の実現に向けて、太陽光発電や風力発電などの再生可能エネルギーの利用が注目されている。今後、これらの新しいエネルギーを効率よく取得し、所望の電力形態に変換するために用いられるパワーエレクトロニクス回路が、我々の身近なところでますます多用されることが予想される。しかし、パワーエレクトロニクス回路ではスイッチング素子の急峻なオン・オフ動作が高周波で繰り返されるため、それ自体がスイッチングノイズの発生源となり、伝導・放射ノイズとして周囲にノイズをまき散らし、機器の誤動作の要因となる恐れがある。本節ではまず、パワーエレクトロニクス回路におけるスイッチングノイズの発生機構について説明し、次に、スイッチングノイズを抑制する低ノイズ化技術について、最近の研究事例を交えて解説する。

2.1 パワーエレクトロニクス回路と高周波スイッチング[1~3]

パワーエレクトロニクス回路はインバータや整流器など、いくつかの機能分野に分類することができるが、これらに共通して言えることは、半導体スイッチの急峻なオン・オフ動作が数十～数百kHzの高周波で繰り返されており、スイッチングノイズの発生源となっていることである。

スイッチングノイズは、電源ケーブルなどの導線を伝搬する伝導ノイズと、空間に放射されて伝搬する放射ノイズに分けることができる。図2-63に、パワーエレクトロニクス回路が商用電源の供給を受けて動作し

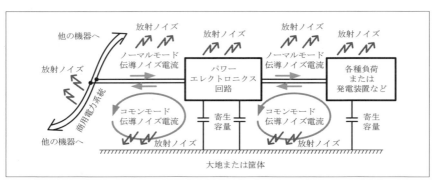

〔図2-63〕パワーエレクトロニクス回路およびスイッチングノイズ
（伝導・放射ノイズ）の発生例

ている場合のスイッチングノイズの発生状況の一例を示す。この図の中で、パワーエレクトロニクス回路から電源ケーブルを通して商用電力系統に伝搬する伝導ノイズ電流はノーマルモードとコモンモードに分けることができるが、特にコモンモードノイズ電流は等価的に大きなループ電流を形成する場合が多く、放射ノイズの原因となる。したがって、コモンモードノイズ電流を低減することは、放射ノイズを低減するためにも重要である。

たとえば、太陽光発電装置を商用電力系統につなげて用いる場合、パワーコンディショナと呼ばれるパワーエレクトロニクス回路が用いられる。このパワーエレクトロニクス回路自体、およびそれに接続される太陽電池パネルから電磁ノイズが発生し、様々な障害を引き起こす可能性がある。

パワーエレクトロニクス回路からの電磁ノイズを完全になくすことは、スイッチング動作を止める以外にないが、多くの場合、電磁両立性（EMC：Electromagnetic Compatibility）を実現するために電気電子機器ごとに規格や規制が設けられ、これを満足していれば機器の販売を認める措置がとられている。パワーエレクトロニクス回路のEMC規格では、9kH～30MHzまたは150kHz～30MHzの周波数領域においては伝導ノイズに対する規制があり、放射ノイズについては30MHz以上の周波数領域において規制がある。また、9kHz以下の周波数領域では、電源高調波、電圧ディップ、短時間停電、電圧変動などについての規制がある。また、実際には規格・規制の対象になっていない妨害・障害もありうることを認識しておく必要がある。

2.2　スイッチングノイズの発生機構[4～6]

パワーエレクトロニクス回路では、半導体スイッチの急峻なオン・オフ動作が数十～数百kHzの高周波で繰り返されており、一般的に、スイッチング周波数を高周波化すればインダクタやコンデンサなどの受動素子を小形化できる特長がある。しかし、半導体スイッチの急峻なオン・オフ動作が高周波で繰り返されることに起因し、スイッチング時に発生するスイッチング損失と、スイッチングノイズの問題がある。図2-64に、

ハードスイッチングと呼ばれる通常のスイッチングの様子を示す。この図に示すように、実際にはスイッチングに時間を要するため、スイッチング期間（ターン・オン期間、ターン・オフ期間）において、スイッチング素子の電圧と電流の積によりスイッチング損失が発生し、スイッチングが高周波化すればするほど、毎秒あたりの損失が増加する。このスイッチング損失を低減する方法として、スイッチングをより急峻に行い、スイッチング時間を短くすることが考えられるが、これは反面スイッチングノイズを増加させることになり、実際の設計においては適切な妥協が必要になる。

　ここで、スイッチングノイズの発生原理を、少し詳しく説明する。パワーエレクトロニクス回路において、スイッチング動作によって生じる電流または電圧波形を、図2-65（a）に示すような台形波として表す。この波形がそのままスイッチングノイズとして観測されるわけではないが、伝導ノイズや放射ノイズ（不要電磁放射）の発生原因を考える上で

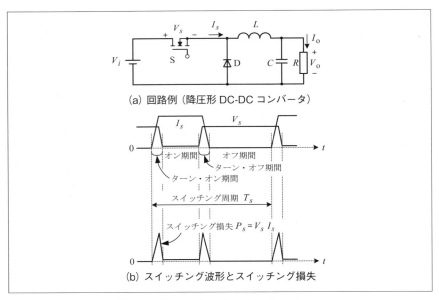

〔図2-64〕ハードスイッチング方式の例

重要となる。この図に示すように、スイッチング周波数 f_s でスイッチング動作が繰り返され、スイッチング周期 $T_s(=1/f_s)$ に対するオン時間の割合（時比率）を D とする。簡単化のため、スイッチング時間はターン・オン、ターン・オフともに等しいものとし、τ で表す。このとき、台形波はスイッチング周波数 f_s とその整数倍の高調波成分にフーリエ級数展開でき、台形波の振幅を A とすると、周波数 f の成分（振幅）は次式で表せる。

$$\text{台形波の周波数成分}(f) = \frac{2Af_s}{\pi f}\left|\sin\left(D\pi\frac{f}{f_s}\right)\right|\left|\frac{\sin(\pi\tau f)}{\pi\tau f}\right| \quad (2\text{-}12)$$

この式に近似を施せば、周波数 f の成分の包絡線は次式で表せる。

$$\text{台形波の周波数成分の包絡線}(f) = \frac{2Af_s}{\pi f}\frac{1}{1+\pi\tau f} \quad \cdots (2\text{-}13)$$

この式を図示すると図 2-65 (b) のようになる。この図より、より高い

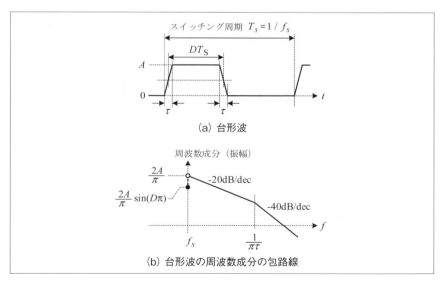

〔図 2-65〕台形波とその周波数成分

周波数でスイッチングすれば、-20dB/dec の傾きの包絡線が高周波側へ移動してノイズレベルが増加すること、スイッチング時間が短いほど、-40dB/dec の傾きに切り替わる周波数が高周波側へ移動してノイズレベルが増加することがわかる。したがって、ノイズレベルを低減するには、スイッチング周波数を下げ、かつスイッチング時間を長くすればよい。しかし、スイッチング周波数を下げることはインダクタや平滑コンデンサなどの受動素子の大形化を招き、スイッチング時間を長くすることは

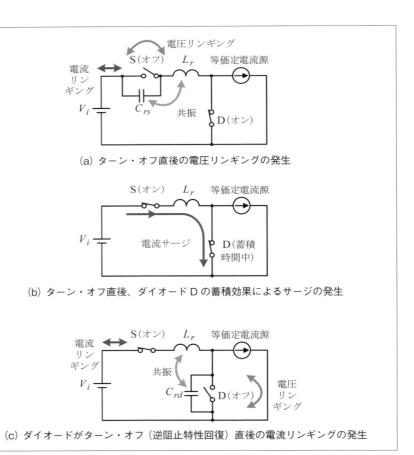

〔図 2-66〕電圧・電流リンギング、電流サージの発生

毎回のスイッチング損失を増加させることを意味することになり、この点でも実際の設計においては適切な妥協が必要になる。なお、台形波の振幅 A を小さくすればノイズ成分も小さくなることは明らかである。

　スイッチング直後に生じる電流や電圧波形のリンギングも、スイッチングノイズの発生原因として無視できない。図2-66（a）（c）に示すように、実際のスイッチ素子や配線経路には寄生容量や寄生インダクタンスが存在するため、スイッチング直後に高周波の共振現象が生じ、リンギング波形として観測される。なお、図2-66（b）に示すのは、ダイオードDにファストリカバリダイオード（FRD：Fast Recovery Diode）と呼ばれるpn接合ダイオードを用いた場合に生じる、蓄積電荷に起因する電流サージであり、逆阻止特性が回復するまでの時間（蓄積時間）、ダイオードにスパイク状の大きな逆電流が流れる。そして逆阻止特性が回復する際に特に急峻な電流変化が生じ、その後、図2-66（c）に移行する。なお、ダイオードDにショットキバリアダイオード（SBD：Schottky Barrier Diode）を用いれば、蓄積電荷が存在しないため、図2-66（b）に示した電流サージも発生しない。従来のSi-SBDの耐圧は数十V程度と低いが、最近では、数百V以上の耐圧を持つSiC-SBDも実用化されている。

　電流や電圧のリンギングが台形波に重畳された場合の図を図2-67（a）に模式的に示す。リンギングの共振周波数 f_r は寄生インダクタンスと寄生容量によって決まり、図2-67（b）に示すように、その共振周波数 f_r のノイズ成分を増加させる。なお、図2-67（a）には明示していないが、図2-66（b）に示した電流サージについても同様な影響が考えられる。

2.3　従来の低ノイズ化技術

　パワーエレクトロニクス回路において、これまで様々なノイズ対策技術が考案され、実際に使用されている。以下では、主としてノイズの発生を抑える方法について述べるが、ノイズフィルタやチョークコイル、デカップリングコンデンサ、電磁シールドなど、ノイズの発生ばかりでなくノイズの伝搬を抑制する対策技術も重要であり、多くの場合、両者は併用されている。

　前述したように、半導体スイッチの急峻なオン・オフ動作に伴って回

路の電流・電圧に急峻な変化が生じ、そこに寄生インダクタンスや寄生容量が存在すると高周波の共振現象が生じ、リンギング波形として現れる。これを低減するためには、寄生インダクタンスや寄生容量を低減し、ノイズの共振エネルギーを低減すればよい。具体的には、部品の実装や配線を工夫し、急峻な電流変化が生じる電流ループの面積を縮小したり、急峻な電圧変化が生じる導体間や半導体スイッチに存在する寄生容量を低減することなどが考えられる。これらの対策法は、発生したノイズがほかへ伝搬するのを抑制する効果も併せ持つ場合が多い。

　しかし実際には、寄生的なインダクタンスや寄生容量を完全になくすことはできず、高周波のリンギングが発生する。リンギングの共振エネルギーを抵抗で熱に変えて減衰させるノイズ対策法として、図2-68に示す（a）RCスナバ回路、（b）RCDスナバ回路、（c）フェライトビーズがよく用いられている。これらの回路ではノイズを抑制する代償として、（等価）抵抗Rにおける熱損失が存在し、パワーエレクトロニクス回路の効率を低下させる要因となり、実際の設計においては適切な妥協が必

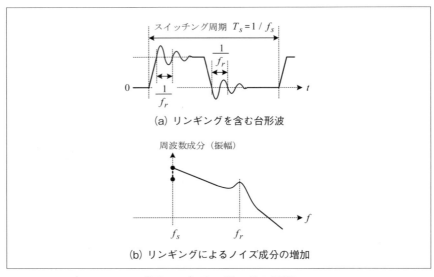

(a) リンギングを含む台形波

(b) リンギングによるノイズ成分の増加

〔図2-67〕リンギングの影響

要になる。また、図 2-68 の各回路は電流や電圧のサージを抑制する効果も期待できる。

熱損失の問題を改善したものが図 2-69 に示す (a) アクティブクランプ回路[7,8]、(b) サージエネルギー回生方式スナバ回路[9]である。これらの回路では、寄生インダクタンスやトランスの漏れインダクタンス L_r に蓄積された磁気ノイズエネルギーを、一旦、電圧クランプ用コンデンサ C_s に移し、それを入力側へ回生するもので、効率の改善が期待できる。

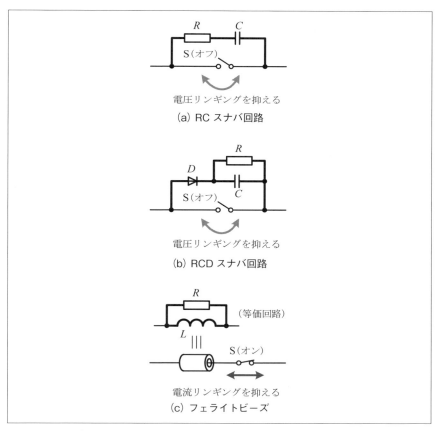

〔図 2-68〕ノイズエネルギーを熱に変えるスナバ回路

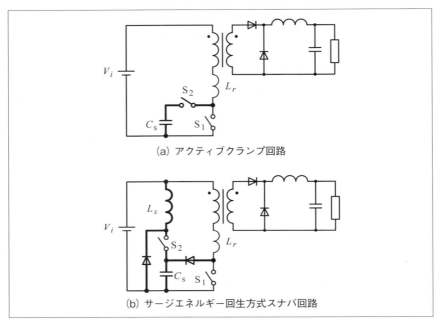

〔図 2-69〕ノイズエネルギーを消費しないクランプ回路
（フォワードコンバータへの適用例）

2．4　ソフトスイッチングによる低ノイズ化技術

　図 2-64 に示したハードスイッチングと呼ばれる通常のスイッチング方式は、スイッチング期間において、スイッチング素子の電圧と電流の積によりスイッチング損失が発生し、これを低減しようとしてスイッチング時間を短くすると、スイッチングノイズが増加する。これに対し、図 2-70 に示すソフトスイッチング方式はスイッチング素子の電圧と電流の重なりをなくしたもので、原理的にスイッチング損失が発生しない。このため、スイッチング周波数の高周波化が可能で、インダクタやコンデンサなどの受動素子を小形化できる。また、スイッチング素子の電圧と電流の重なりをなくすため、通常は共振用のインダクタとコンデンサを積極的に付加した共振回路を用いる。したがって、回路の電流・電圧の変化が緩やかになり、高周波のリンギングに起因するスイッチングノ

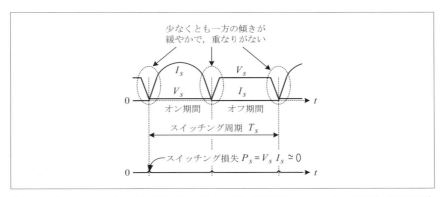

〔図2-70〕ソフトスイッチング方式のスイッチング波形とスイッチング損失（原理図）

イズの発生が抑えられる。

　ソフトスイッチングを適用した実際のパワーエレクトロニクス回路には多種多様なものがあるが、一例として、低ノイズなコンバータ回路として最近注目されているLLC共振形コンバータ回路を図2-71 (a) に示す[10]。図2-71 (b) に示すように、主スイッチS_1、S_2は、デッドタイムと呼ばれる短い共通のオフ期間を挟み、約50％の時比率で交互にオン・オフ動作を繰り返し、スイッチ電圧がゼロの状態でスイッチング動作を行うZVS (Zero Voltage Switching) が実現されている。また、トランスの二次側のダイオードD_1、D_2は電流が緩やかに減少してオフになるので、これらにpn接合ダイオードを用いた場合でも蓄積電荷による電流サージや逆阻止特性回復時の急峻な電流変化も発生せず、低ノイズ化が容易である。

　また、このほかのソフトスイッチング方式として、スイッチ電流がゼロの状態でスイッチング動作を行うZCS (Zero Current Switching) もある。なお、ZVSやZCSは、もともとはS_1、S_2などのMOS-FETやIGBTなどの半導体スイッチについて用いられていたが、ダイオードについてもそのオン・オフのスイッチング時における電圧や電流波形の傾きから判断して用いられている。この意味で、LLC共振形コンバータのダイオードD_1、D_2においてはZCSターン・オフおよびZCSターン・オンが実

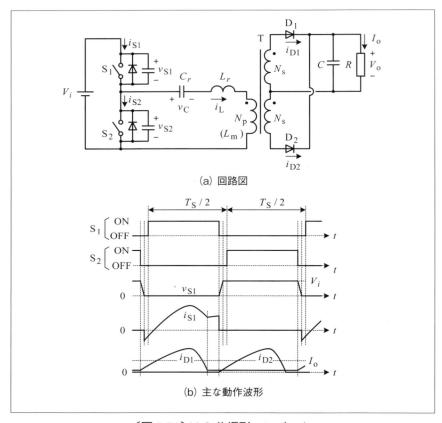

〔図 2-71〕LLC 共振形コンバータ

現されていると言える。

　なお，図 2-69 (a) に示したアクティブクランプ回路を用いたコンバータは，スイッチング周波数固定のままで時比率制御（PWM：Pulse Width Modulation）が可能であるが，スイッチ S_1，S_2 それぞれにダイオードとコンデンサを並列に付加し，トランスの励磁電流の振幅を増やせば，スイッチ S_1，S_2 がともにオフになる短い期間（デッドタイム）においてトランス一次側のインダクタンスと付加したコンデンサによる共振現象が発生し，ZVS が実現される。

2.5 ノイズ電流相殺による低ノイズ化技術

図2-63の説明で述べたように、コモンモードノイズ電流を低減することは、放射ノイズを低減するためにも重要である。通常のパワーエレクトロニクス回路は、大地または筐体（FG：Frame Ground）に対して非平衡であるため、スイッチング時においてスイッチング素子とFGとの間に放熱器などを介して形成される寄生容量にパルス電流が流れ、コモンモードノイズ電流の主な原因の一つとなっている。この問題に対し、DC-DCコンバータの主回路そのものを平衡化し、寄生容量などに起因するノイズ電流をDC-DCコンバータ回路内部で相殺することにより、コモンモードノイズ電流を低減する方法が提案されている。

図2-72（a）に従来の非平衡昇圧形DC-DCコンバータ回路を示す。この主スイッチング素子Sには放熱器が設けられるが、Sの上側の端子と放熱器間の寄生容量、および放熱器とFG間の寄生容量の直列合成容量

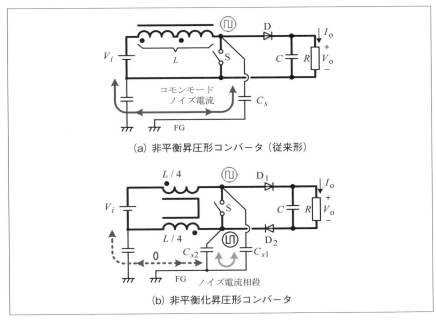

〔図2-72〕DC-DCコンバータ回路の平衡化によるコモンモードノイズ電流の低減

(等価寄生容量) C_s が形成される。特に最近の小形・薄形化が要求される電源においては、FGとして使用されている金属筐体を放熱器として代用することも多く、その場合は C_s が特に大きくなる。非平衡昇圧形 DC-DC コンバータでは、主スイッチング素子Sの下側の端子の電位はFGの電位と交流的にほぼ等電位であり、Sのスイッチングにより変化しない。一方、Sの上側の端子の電位はSのスイッチングに伴って急峻に変化するため、寄生容量を介してパルス電流が流れ、コモンモードノイズ電流の主な要因の一つとなっていた。

この問題を解決するために提案された、図2-72 (b) に示す平衡化昇圧形 DC-DC コンバータ回路では、従来のインダクタ L の巻線を等分割し、主スイッチング素子Sを挟んでそれらを直列に接続している。各巻線の巻数が1/2になるため各巻線から見たインダクタンスは $L/4$ となるが、インダクタの総巻数やコアサイズなどの設計条件は従来の非平衡回路の場合と同じであるため、従来の非平衡昇圧形スイッチング電源回路と本質的に同じ動作をする。また、分割した等しい巻数の巻線には大きさが等しく逆向きの電圧が誘起されるので、主スイッチング素子Sの両端の電位は相補的に変化する。したがって、スイッチング時にこれらの電圧が急峻に変化し、等価寄生容量 C_{s1}, C_{s2} が存在していても、これらの値が等しければ、図2-72 (b) に示すように二つの等価寄生容量を流れる電流が相殺され、FGを通って外部に流れ出るコモンモードノイズ電流が低減される[11]。

図2-73に示すのは、単相3線式の商用電力系統に接続された太陽光発電用パワーコンディショナ(トランスレス形)におけるコモンモードノイズの発生事例である[12]。図2-73 (a) の回路図のように、交流出力部のフィルタ用インダクタを電源ラインの片側だけに入れた場合、インバータ部のノイズに関する等価回路は図2-74 (b) に示すようになる。なお、この図ではフィルタ用インダクタの巻線の寄生容量およびインバータ回路内部の寄生容量を考慮し、その電流経路を点線で示している。インバータ部のスイッチ S_1, S_2, S_3, S_4 の駆動方法は幾種類かあるが、いずれの場合においても太陽電池パネルの電位がインバータ部のスイッチング

によって励振され、太陽電池パネルの対地容量を介して、スパイク状の大きなコモンモードノイズ電流が流れる。また、太陽電池パネルがアンテナの働きをして大きな放射ノイズが発生する恐れもある。

　図 2-74 に示すのは、ノイズ対策事例（その 1）である[13]。図 2-74（a）の回路図のように、交流出力部のフィルタ用インダクタを電源ラインの両側に入れたもので、両インダクタを図に示す極性で結合する場合もある。このインダクタの挿入によって、太陽電池パネルの電位がインバー

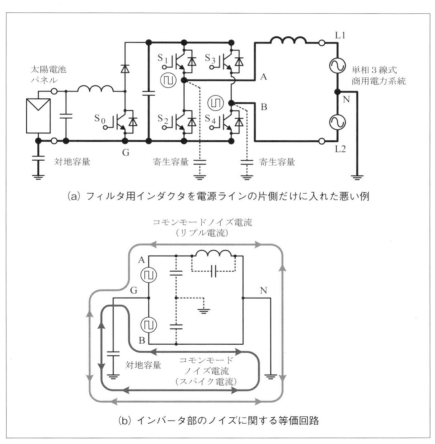

(a) フィルタ用インダクタを電源ラインの片側だけに入れた悪い例

(b) インバータ部のノイズに関する等価回路

〔図 2-73〕太陽光発電用パワーコンディショナにおけるコモンモードノイズ発生事例

タ部のスイッチングによって励振されることはなくなる。インバータ部のノイズに関する等価回路を図2-74（b）に示す。この図より、インバータの2レグ（すなわちA点とB点）が完全に逆相でPWM駆動された場合、フィルタ用インダクタのリプルノイズ電流、およびフィルタ用インダクタの寄生容量やインバータ回路内部の寄生容量に起因するノイズ電流がすべて相殺され、コモンモードノイズ電流が低減されることがわかる。これは、前述の図2-72（b）に示した平衡化昇圧形DC-DCコンバータ回路の場合と同じ原理である。

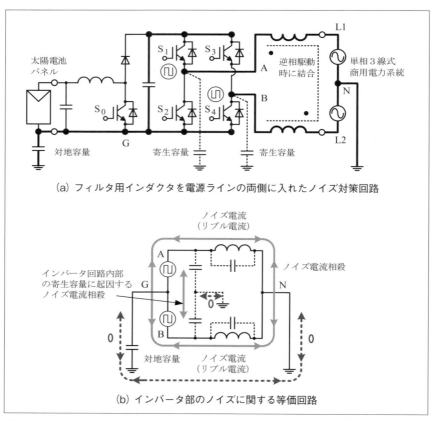

（a）フィルタ用インダクタを電源ラインの両側に入れたノイズ対策回路

（b）インバータ部のノイズに関する等価回路

〔図2-74〕太陽光発電用パワーコンディショナにおけるノイズ対策事例（その1）

図2-75に示すのは、ノイズ対策事例（その2）である[14,15]。図2-75（a）の回路図のように、インバータ入力電圧の中間電位点を単相3線式の商用電力系統の中性点に接続したものである。インバータ部のノイズに関する等価回路を図2-75（b）に示す。この場合、中性線にノイズ電流が流れるため、大地にはコモンモードノイズ電流が流れない。しかも、インバータ部のスイッチのPWM駆動を逆相にする必要がないため、一相が接地された三相3線式商用電力系統にも適用可能である。ただし、インバータ回路内部の寄生容量に起因するノイズ電流を相殺するためには、

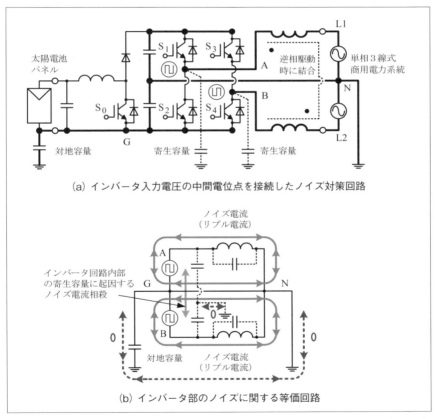

〔図2-75〕太陽光発電用パワーコンディショナにおけるノイズ対策事例（その2）

やはり逆相で PWM 駆動する必要がある。なお，図 2-73 〜 図 2-75 においては，昇圧形コンバータ部の寄生容量に起因するノイズ電流を無視したが，これを低減するには，図 2-72（b）に示したように昇圧形コンバータを平衡化すればよい。

2．6　まとめ

以上，パワーエレクトロニクス回路におけるノイズの発生事例と発生原理について述べ，いくつかのノイズ対策技術についてまとめた。ノイズ対策は試行錯誤的なものになりがちであるが，やはりノイズの発生原理に基づいて見通しよく行うほうが効果が確実で，対策に要する時間も節約できる。また，最近では SiC や GaN などの新しい高速スイッチ素子が実用化されようとしており，スイッチングノイズの十分な対策が必要とされる。本稿が，再生可能エネルギーを活用する際の低ノイズ化対策の一助となれば幸いである。

参考文献

1) 庄山正仁，田中秀和，奥永剛士，二宮保：「スイッチング電源と EMC」，電気学会全国大会シンポジウム，No.2-S11-1, pp.861-864, 2000 年 3 月．
2) パワーエレクトロニクス機器の EMC 解析・抑制技術共同研究委員会編：「パワーエレクトロニクス機器の EMC」，電気学会，2013.
3) 藤原修他：「スマートシティの電磁環境対策」，S&T 出版，2012.
4) 原田耕介，二宮保，顧文建：「スイッチングコンバータの基礎」，コロナ社，1992.
5) C. R. Paul: "Introduction to Electromagnetic Compatibility," John Wiley & Sons, Inc. 1992.
6) 佐藤利三郎監訳：「EMC 概論」，ミマツデータシステム，1996.
7) B. Carsten: "High Power SMPS Require Intrinsic Reliability," PCI'81 Proc., pp.118-132, Sep. 1981.
8) P.V inciarelli: "Optimal Resetting of the Transformer's Core in Single Ended Forward Converters," US Patent, #4,441,146, Filed on Feb. 1982, Issued on

Apr. 1984, Reissued on Feb. 1999.
9) B. Barn: "Bed Converter," APEC'86 Record, pp.13-19, Apr. 1986.
10) B. Yang, F. C. Lee, A. J. Zhang, G. Huang: "LLC Resonant Converter for Front End DC/DC Conversion", IEEE APEC 2002, pp.1108-1112, Mar. 2002.
11) M. Shoyama, G. Li, and T. Ninomiya: "Balanced Switching Converter to Reduce Common-mode Conducted Noise," IEEE Transactions on Industrial Electronics, Vol.50, No.6, pp. 1095-1099, Dec. 2003.
12) 大島正明：「トランスレス交直変換とコモンモードノイズ対策」，H13 年電気学会産業応用部門大会，S8-2，pp.185-190，2001 年 8 月．
13) R. Gonzalez, J. Lopez, P. Sanchis, L. Marroyo: "Transformerless Inverter for Single-Phase Photovoltaic Systems," IEEE Transactions on Power Electronics, Vol.22, No.2, pp.693-697, Mar. 2007.
14) 山中克利他：「太陽光発電用電力変換装置」，特許第 3539455 号（2004 年 4 月登録），特願平 7-215684．
15) 大島正明他：「三相倍電圧交直変換回路の定サンプリング型 PWM 装置」，特許第 3318918 号（2002 年 6 月登録），特願平 11-145782．

第Ⅲ編
応用事例

第1章 電力向けの適用事例

1．次世代電力系統：スマートグリッド
1．1　スマートグリッドの概念

　スマートグリッドについての共通した定義は現時点ではない。表3-1は代表的な定義の例で、いずれも幅広い概念であり、力点や表現法が様々である。

　ただし、スマートグリッドにはいくつかの共通した概念があり、それらは基本的には以下の通りとなる。

・電気と情報通信技術（ICT：Information and Communication Technology）との融合
・供給サイドと需要家サイドの相互連携
・再生可能エネルギーの大量導入
・電気の効率的利用（省エネ、CO_2削減、ピーク削減など）

〔表3-1〕スマートグリッドの定義例

国・機関	内容
米国（DOE）	ディジタル技術を用いて大規模発電、流通設備、消費者、分散型電源・蓄電装置からなる電力システムの信頼性、セキュリティ、効率（経済およびエネルギー）を向上させるもの。
欧州 (European Technology Platform)	持続可能、経済的かつセキュアな電力供給を行うため、接続されるユーザ（発電者、消費者および両方を兼ねる者）の活動をインテリジェントに統合できる電気ネットワーク。
IEC （国際電気標準会議）	双方向通信と制御技術、分散計算機、関連センサ（ユーザの構内に設置された装置を含む）を活用した電力ネットワーク。

スマートグリッドのイメージを描くと図3-1のようになる。最も基本となる概念は、電気とICTとの融合である。特に双方向の通信が基本となる。分散型電源やサービスプロバイダーなど、今後の大量導入や新規参入が予想される要素も含めて、電気の供給と利用を取り巻くすべての環境がICTでつながれることになる。

1.2　スマートグリッドの狙いとそのベネフィット

スマートグリッドの狙いや、それによって可能となる新たな需給環境について、様々な文献などで共通的に挙げられている項目は、おおよそ表3-2の6項目に整理される。このうちどれに重点が置かれるかで、スマートグリッドもいくつかに類型化される。従来になかった新しい観点として特に注目されるのは、消費者の能動的参加、再生可能エネルギー電源の大量導入、新サービスといった点である。地球環境（温暖化）問題への対応、景気・雇用対策や新たな成長戦略としての期待といった側面もある。

スマートグリッドのベネフィットはステークホルダ（利害関係者）によって多少異なる。表3-3は代表的なステークホルダに関わる「消費者」、「電力会社」、「環境」、「社会・経済」の観点から主なベネフィットを整理したものである。社会的な面でのベネフィットや、若干抽象的なベネ

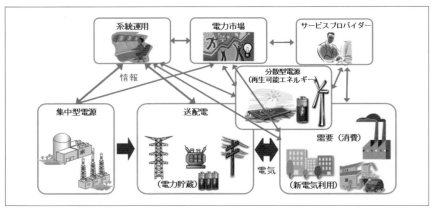

〔図3-1〕スマートグリッドのイメージ

フィットが多いのも事実である。
1.3　スマートグリッドの主要構成要素
　スマートグリッドはハード技術とソフト技術からなる総体である。スマートグリッドにとって不可欠と考えられている主要な要素のいくつか

〔表3-2〕スマートグリッドの狙い・達成される需給環境

	狙い・達成される需要環境	内　　　容
①	消費者の能動的参加	・消費者のエネルギー利用選択肢の拡大 ・消費面も含めたエネルギー供給・利用の最適化
②	再生可能エネルギー電源を含む、すべての電源の協調	・風力、太陽光、(分散型)電力貯蔵などの導入、既存電源との協調運用、有効活用
③	信頼度・電力品質向上 (ITセキュリティ、災害対応含む)	・ディジタル社会に対応した電力品質 ・系統擾乱や自然災害、意図的攻撃などにも強い系統
④	設備の最適化、運用・管理の効率化	・アセット利用(含保全)の最適化、自動化による系統の効率的運用 ・投資の効率化 ・損失低減
⑤	新サービス、市場の活性化	・よりロバストな電力市場 ・消費者参加のオプション提供 ・新たなビジネスケースの創出
⑥	環境問題への対応	・クリーンなエネルギー利用、環境系技術の享受 ・省エネ

〔表3-3〕スマートグリッドのベネフィット

消費者にとってのベネフィット	電力会社にとってのベネフィット
・エネルギー利用選択肢の増加 ・エネルギー利用情報の入手(見える化) ・電気料金の削減(上記の結果としての) ・電力会社との連携 ・停電の減少 ・環境価値の把握と反映 ・新サービスの享受	・設備投資削減、投資効率化 ・運用・保守コストの低減 ・信頼度、電力品質の向上 ・CO_2排出の削減 ・再生可能エネルギーの活用 ・消費者との連携 ・新サービスの提供・活用
環境にとってのベネフィット	社会・経済にとってのベネフィット
・再生可能エネルギーの(大量)導入 ・CO_2排出の削減 ・損失低減 ・設備投資削減(省資源) ・省エネインセンティブの提供 ・環境優位技術の積極導入(電化の推進)	・グリーンジョブの創出 ・ベンチャー分野への投資 ・新産業、新サービスの創出 ・標準化推進 ・CO_2排出の削減、エネルギー利用効率化 ・高度かつセキュアな低炭素社会電力インフラの構築

について述べる。

1.3.1　スマートメータ

スマートメータはスマートグリッドにとって最も重要な要素の一つと言ってもよい。スマートメータは双方向の通信機能のついた電力量計であり、1時間～15分ごとの電力使用量の計測を行う。その他に遠隔操作による電気の入り切りや、メータ単独ないしは後述するHEMS（Home Energy Management System）などと連携して様々なサービスオプションを提供することなどが考えられている。スマートメータを中心とし、そこからのデータ管理なども含めたインフラ体系をAMI（Advanced Metering Infrastructure）と呼んでいる。

スマートメータによって実現できる重要なサービスに電気使用量の「見える化」と「デマンドレスポンス」がある。見える化は前日の使用量の提供からリアルタイムの使用量までいくつかのタイムスパンが考えられるが、いずれにせよ節電や省エネなど、家庭内などのエネルギーの有効利用に役立つ。デマンドレスポンスは電気料金を時間に応じて変化させることや需要の削減に対してリベートを提供することで需要に働きかけ、需要家と電力会社の双方にとって望ましい需給状況を作るものである。基本的には、ピーク電力を削減することが電力会社にとっては、高コストの電源運用や新たな電源の増設などの抑制にとって有効であるため、ピークを削減することが大きな狙いとなる。具体的な料金メニューの例としては、図3-2に示すように、ピーク時に極端に電気料金を上

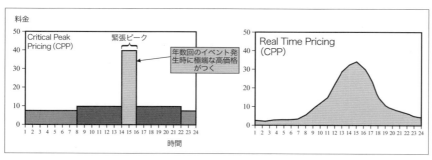

〔図3-2〕デマンドレスポンスの料金体系の例

げるクリティカルピークプライシング（CPP）、時々刻々料金を変化させるリアルタイムプライシング（RTP）などがある。このように時間帯に応じた料金を設定し、それによる需要変化を含めて精算をするにはスマートメータが不可欠となる。

1.3.2　HEMS、BEMS／スマートハウス、スマートビルディング

HEMS、BEMS（Building Energy Management System）は、それぞれ住宅、ビルのエネルギー管理を行うシステムのことである。個別の電力機器（負荷機器だけでなく太陽光発電や蓄電池など）との情報連携を行い単独でも電力の見える化などとして機能するが、スマートメータと連携してデマンドレスポンスに対応して、電気料金に応じた個別機器の運転や制御などを行うことも考えられる。なお、HEMS、BEMSによるエネルギーが管理された住宅やビルをスマートハウス、スマートビルディングなどと呼ぶこともある。図3-3はスマートハウスのイメージである。

1.3.3　分散型電源（再生可能エネルギー発電）

需要家側に設置される太陽光発電（PV：Photovoltaics）、燃料電池、蓄電池や、系統側の適当な地点に設置される大規模太陽光発電（メガソーラー）、風力発電などの分散型電源もスマートグリッドの重要な要素である。特にこれらが大量に導入されたもとで、安定的かつ効率的供給を

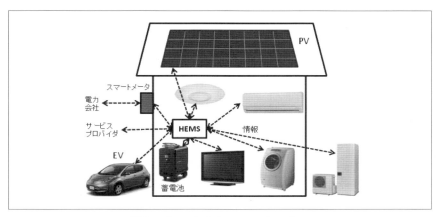

〔図3-3〕HEMSとスマートハウス

実現することがスマートグリッドの役目でもある。

　PVが多くの住宅に設置されると、配電線の電圧上昇を引き起こし、電圧管理が難しくなる。また、作業などで配電線を停止した場合にも、配電線の単位で負荷とPV発電力とがバランスすると電圧が残ってしまい（単独運転）、安全上問題となる。このため、現状ではPVの電力変換装置（PCS）には単独運転防止装置が設置されたり、電圧上昇抑制のための機能が具備されたりしている。配電線側にも電圧管理のための装置が設置されている。単独運転防止は停電時にもPVを停止させることになるが、将来のよりスマートな形は、停電時にはPVで供給可能な範囲に供給することにもなろう。この際には電気自動車（EV：Electric Vehicle）が電力貯蔵設備として機能することもある。これは家庭内のみの場合や、ある地域であることもあろうが、スマートグリッドといってもかなりレベルの進んだ状況（高度な配電自動化を伴う）である。こうしたもとではパワーエレクトロニクス技術が相当量活用されていることとなろう。

　再生可能エネルギー発電が大量に導入されると、自然任せの出力変動や基本的には出力制御ができないことから需給運用上の課題が生じる。たとえば、出力変動に対して、これを補償するために火力発電の調整力が現状以上に要求されるようなことがありうる。これに対して、単に火力発電を増強するのではなく、より広域的な運用で変動を吸収したり、EVを含めた貯蔵設備の活用、デマンドレスポンスなどを含めて対応するのがスマートグリッドのアプローチである。これには高度な出力予測技術が必要となることにも留意しなければならない。

　また、PVの大量導入は需要の少ない春・秋季の土日などに系統全体として余剰電力を発生させる可能性がある。従来電源の最低出力にPVの発生電力を加えると需要を上回ってしまう可能性がある。これに対しては、PVの出力抑制がもっとも簡単な方策として挙げられるが、よりスマートな方策となると図3-4のように蓄電池での貯蔵、EVやヒートポンプ式給湯機などを運転することで余剰を吸収するなどが考えられる。この時間帯に電気料金を下げることで新たな需要を創出することな

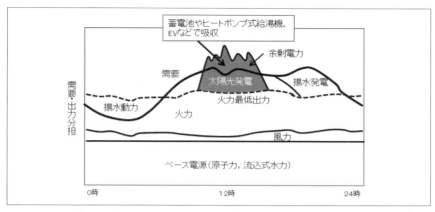

〔図 3-4〕PV による余剰電力の発生とスマートな対応

どもありうる。こうしたことを可能とするプラットフォームがスマートグリッドである。

1.3.4　センサと ICT

　スマートグリッドにおいては、電力系統や需要家エネルギー機器などの状態を把握し、状態に応じた最適な制御を行うため、状態情報の入力や伝送、最適化のための判断や処理、制御量の伝送や制御といった一連の機能を担う ICT インフラが必須である。すなわち、センサ、通信ネットワーク、情報処理装置、制御装置などが ICT インフラの主要な構成要素となる。

　わが国においては、電力系統側の ICT インフラはすでにかなり高度に整備されているが、分散型電源の大量導入や高経年設備の増加などに伴い、電力系統の監視制御機能を強化するため、ICT インフラの更新や増強を考慮することも重要である。また、需要側の ICT インフラについては、これまでほとんど整備されていなかったため、需要家設置の分散型電源や需要家エネルギーの計測・管理、デマンドレスポンスなどに対応した整備を進めていく必要がある。

1.3.4.1　センサ・制御装置およびセンサネットワーク化

　ICT インフラの構成要素のうち、センサに関しては、電力系統側では

需給逼迫に対応して広域系統連系の強化が求められていることから、広域系統監視用センサの充実が重要になると考えられる。現在、電流や電圧、周波数、位相角などの系統状態量に、GPS の高精度時刻情報に基づくタイムスタンプを付して、計測データを出力するフェーザ計測装置（PMU：Phasor Measurement Unit）が標準化・商用化されている。広域系統連系がなされている欧米などでは、各所に配置した PMU を通信ネットワークで連携した広域計測システム（WAMS：Wide Area Measurement System）の導入が進んでいる。今後、WAMS の導入拡大とともに、さらにインテリジェントな制御装置（IED：Intelligent Electronic Devices）を組み合わせた図 3-5 に示すような広域系統監視・保護制御システム（WAMPAC：Wide Area Monitoring, Protection & Control）の導入も期待される。

　配電系統ではセンサ・通信機能付き開閉器の導入が進められているが、さらに柱上変圧器などからも状態情報を収集し、需要側のセンサであるスマートメータからの情報とも組み合わせることで、潮流や電圧を最適に分散制御する、能動的な配電系統を実現できる可能性がある。このほか、各種電力設備やエネルギー機器の健全性維持のため、状態監視用の入力変換器に簡易な情報処理機能と通信機能を組み合わせたインテリジェントセンサの導入が進み、さらにそれらを無線や光ファイバ回線など

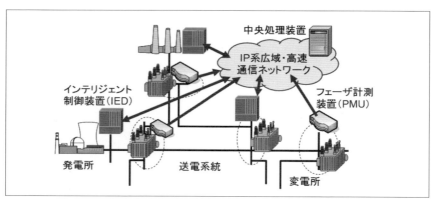

〔図 3-5〕PMU や IED を組み合わせた広域系統監視・保護制御システム

で連携・集約したセンサネットワークへの発展が期待される。

1.3.4.2　通信ネットワークおよび通信プロトコル

　通信ネットワーク技術に関しては、汎用で低コストのルータやスイッチを用いた IP ネットワーク化が進んでいる。スマートメータ用通信ネットワークでは、都市部を中心に多数のメータを収容するため、メータ間でバケツリレー式にデータを伝送するマルチホップ無線方式を適用し、配電柱上の装置でデータを集約した上で営業所などまで幹線系光ファイバにより伝送する形態が導入され始めている。また、集合住宅などでは電力線通信（PLC：Power Line Communication）も適用されている。マルチホップ無線通信技術は、スマートメータ用通信だけでなく、無線センサネットワークにも有用であり、周波数帯や伝送速度などが異なる各種の方式（IEEE 802.15.4、ZigBee、無線 LAN など）があるため、適用箇所に応じた適切な方式の選定が重要である。さらに、スマートメータと HEMS などとの連携のための通信プロトコルの標準化（ECHONET Lite など）も重要である。

　電力系統側の通信ネットワーク技術としては、いかに高速かつ高信頼な広域 IP 系ネットワークを構築するかが課題である。リアルタイム性と信頼性の要件が極めて高い系統保護制御用に、GPS に代わって高精度な時刻同期を通信ネットワーク上で確立する方式（IEEE 1588）の導入が検討されている。また、制御・通信機器の相互接続性が重要になっており、設備監視制御用のデータ定義を含む通信プロトコルの標準化（IEC 61850 など）も進められている。

1.3.4.3　情報処理技術ほか

　スマートメータからの大量データを処理し、需要家によるエネルギー利用状況の見える化を実現するとともに、配電設備管理などの各種業務への活用を図るため、メータデータ管理システム（MDMS：Meter Data Management Systems）とスマートメータ用通信インフラを連携した先進的検針インフラ（AMI）の構築が重要になっている。大規模データ処理技術の確立が求められており、需要家エネルギー管理などをサービスプロバイダーが実施する場合に、クラウドコンピューティングの技術を適

用する方法なども検討されている。この場合、需要家データを扱う際のプライバシー保護技術の確立が重要である。さらに、スマートグリッドでは種々の機器がネットワーク連携されるようになるため、近年の制御系システムなども対象にしたサイバー攻撃の増大に鑑み、通信の暗号化や認証、悪意ある通信の検出や遮断などのサイバーセキュリティ対策の実装も重要な課題である。

1.4 スマートグリッドからスマートコミュニティへ

スマート化を電力に関わる分野に限定するだけではなく、より広げた概念としてスマートコミュニティやスマートシティなどが提唱されている。電気、ガス、熱といったエネルギーばかりでなく、交通や上下水道など、さらには医療なども含めて、インフラ全般をある地域単位でスマート化するものである。また、これはエネルギーシステムの分散化、災害時の対応などといった側面ももっている。

地域のエネルギーセンターの役割やビジネスモデル、また電気に関しては既存の配電制御所（営業所）などとの関連、地域の最適化と全体最適化の関係など、十分に明確になっていない点があるのは事実であるが、現在、我が国でも進められている実証試験などを通して現実的な姿が明らかになっていくものと考えられる。なお、民間レベルでも、類似のスマートシティ、スマートタウンなどが住宅を中心に提案されている。ここでは創エネ、省エネ、蓄エネが重要なコンセプトになっている。これらについてもコストなどにおいて不透明な点があるものの、見える化など可能な部分から築きあげていくという方針であるものと考えられる。

2. 直流送電

直流送電システムは、周波数変換を含む非同期連系が可能なこと、大容量長距離送電やケーブル送電における経済性などを背景に、世界各地で適用が進められてきており、2009年までの直流送電システム総容量は100GWに達している。さらに、2030年までには350GWまでの導入が進む見込みとなっている。今後の主要な適用用途は、風力や水力など地理的に偏在する、あるいは需要中心からは遠隔にある大規模再生可能

エネルギー電源からの長距離大容量送電であり、中国、インド、ブラジルおよび欧州地域で多くのプロジェクトが見込まれている。我が国においても、大規模な電源停止リスクに対応するための、あるいは風力を中心とした再生可能エネルギーの導入拡大のための、広域連系の強化が国の主導で動き始めており、これに対応する形で直流送電システムの導入整備が進んで行くものと考えられる。

　ここでは、まず、直流送電技術の概要について説明した後、実際の応用がどのように進んでいるのかを理解するため、代表的な適用事例を見て行くことにする。

2.1　他励式直流送電
2.1.1　他励式直流送電システムの構成

　他励式直流送電システムは、サイリスタによる他励式変換器を用いて直流送電を行うシステムであり、実設備で一般に採用されている双極2端子のシステム構成を図3-6[1]に示す。他励式直流送電システムの各端子（変換所）は、(1) 他励式変換器（変換器用変圧器、直流リアクトルを含む）、(2) 交流フィルタ、(3) 調相設備、(4) 直流フィルタ、および (5) 制御保護装置により構成される。それぞれの構成要素は次のような機能をもつ。

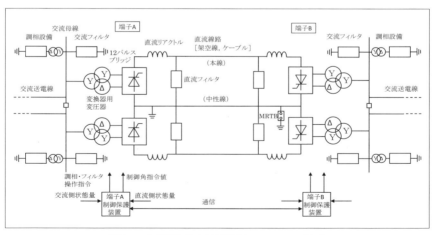

〔図3-6〕他励式直流送電システムの構成

(1) 他励式変換器
　サイリスタを用いた三相ブリッジ（6パルスブリッジ）回路であり、電圧、電流を交流から直流（順変換）、あるいは直流から交流（逆変換）に変換する。実設備では、高調波低減を目的に、Y-YおよびY-Δの変換器用変圧器により多重化した12パルスブリッジ構成（図3-7）が採用されている。
(2) 交流フィルタ
　他励式変換器により発生する交流側高調波を除去するフィルタであり、L、C、Rの受動素子により構成される。他励式変換器のパルス数をpとして、$kp±1$（$k=1,2,3,・・・$）次の理論高調波が発生するため、12パルスブリッジでは11次、13次と高次高調波のフィルタが設置される。
(3) 調相設備
　他励式変換器では運転時に遅れ無効電力を消費（交流系統から見ればL要素）となることから、これを補償するために調相コンデンサ（一部は、フィルタを調相設備としても兼用）を設置する。
(4) 直流フィルタ
　他励式変換器の直流側にはkp（$k=1,2,3,・・・$）次の高調波が発生するためこれを除去するフィルタであり、ケーブル送電系統などでは省略される場合がある。

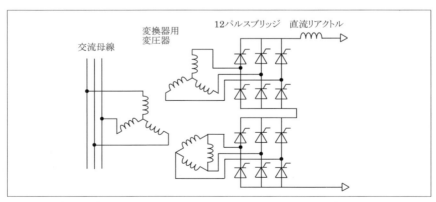

〔図3-7〕直流送電用他励式変換器回路（12パルスブリッジ）

(5) 制御保護装置

 直流送電電力、直流電圧などの制御を行うとともに、交流側、直流側の系統事故時に直流送電システムの保護を行う。

 また、直流線路は、架空線かケーブル、あるいはこれらの組合せにより構成される。周波数変換設備などのように、直流線路がなく、同一変換所内において順変換および逆変換を行うシステムをBTB（Back-to-back）システムという。BTBシステムでは通常、単極構成が採用されている。

2.1.2　他励式直流送電システムの運転・制御

 2端子の他励式直流送電システムの制御特性を図3-8に示す。各端子の制御特性は、α_{min}一定制御、定電流制御（ACR）、定電圧制御（AVR）、定余裕角制御（AγR）の組み合わせにより成り立っており、これらの特性を作り出すための制御回路が図3-9[1)]である。順変換器と逆変換器では直流電圧の極性が反転した接続となっているため、二つの端子の制御特性は直流電流軸に対して対称な特性となり、システムの運転点は逆変換器の電流指令値を電流マージンImだけ小さくする（図3-9の制御ブロックで逆変換器のみ電流指令値よりImを減算する）ことにより作

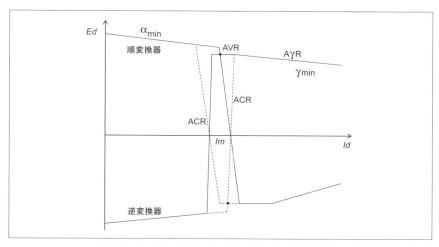

〔図3-8〕他励式直流送電システムの制御特性

り出される。図 3-8 に示すように、平常運転状態においては順変換器の ACR 特性と逆変換器の AVR 特性の交点が運転点となり、直流電流は順変換器により、直流電圧は逆変換器により決定される。直流送電システムでは、直流電圧を定格値に保って運転し、直流送電電力指令値に応じて直流電流が調整される。このため、直流電流指令値 I_{ord} は、直流電力指令値を直流電圧で除算することで得ている。

潮流の反転は、図 3-8 の破線のように、電流マージンを減ずる変換器を変更することで実現している。これより、他励式直流送電システムでは、潮流反転時に直流電圧の極性反転を生じる。

なお、直流送電システムには、全体系統の安定度向上を目的として、AFC（Automatic Frequency Control）や PM（Power Modulation）が具備されている場合も多い。AFC は直流送電のみで連系された両端交流系統の周波数安定度向上を、一方 PM は交流系統内に導入された直流送電の潮流制御により交流系統事故時の同期安定度向上を図るものであり、これらの制御信号は、図 3-9 に示すように直流電力指令値への付加信号として加えられる。

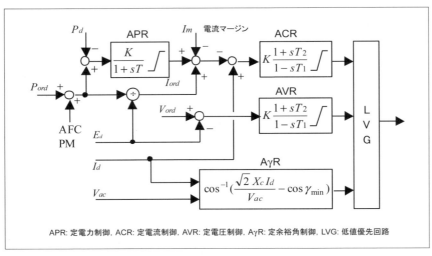

APR: 定電力制御，ACR: 定電流制御，AVR: 定電圧制御，AγR: 定余裕角制御，LVG: 低値優先回路

〔図 3-9〕他励式直流送電用変換器制御回路

2.1.3 直流送電の適用メリット

一般に、後述する自励式直流送電を含めて、直流送電は、交流送電に対して次のようなメリットを有する。

①単位長あたりの送電線コストが低く、長距離となるほど経済的に有利となる。ブレークイーブン距離は、送電容量にも依存するが、架空送電で600～1000km、ケーブル送電では50km程度である。

②同期安定度の問題がなく、長距離送電であっても送電線熱容量限界までの送電が可能である。これにより、長距離大電力送電において、所要ルート数が少なくて済む場合があり、経済的なメリットにもつながる。

③非同期連系が可能であり、大規模交流系統間を安定度の問題なしに連系できる。また、周波数の異なる交流系統間の連系も可能である。

④同期機のような慣性を持たないため、高速な有効電力制御が可能である。直流送電システムにパワーモジュレーションや周波数制御機能を具備することにより、連系交流系統の安定度向上に寄与できる。

2.1.4 他励式直流送電の適用事例

図3-10に2005年頃までの世界の代表的な他励式直流送電システムを

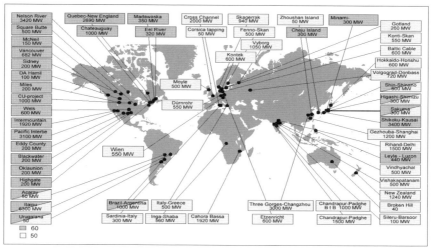

〔図3-10〕世界の他励式直流送電システム

示すが[2]、それ以後、中国、インド、ブラジルおよび欧州地域を中心に大規模直流送電の適用が拡大している。

我が国においては、図3-11に示す6か所の直流送電設備が運転中である。これらのうち、3か所は周波数変換設備、残る3か所は直流連系設備である。直流連系設備のうち、北海道－本州および紀伊水道は海底ケーブル送電の経済性の理由、そして、南福光（BTB）は、電力会社を跨る交流ループの回避を理由に直流送電が採用されている。

代表的な直流連系設備として、図3-12に紀伊水道直流連系のルート図を、図3-13にはサイリスタバルブの写真を示す[3]。サイリスタバルブの構成は、図3-7に示す12パルスブリッジ構成となっている。紀伊水道直流連系は、四国側変換所近傍に位置する橘湾火力発電所からの電源送電という色合いも濃く、非常に利用率の高い設備となっている。特徴的な制御保護機能として、交流系統事故時に通常の交流系統と同様の速さで送電を再開できる運転継続制御方式[4]を採用しており、基幹直流送電システムとしての高信頼度を実現している。また、運転・制御の項で

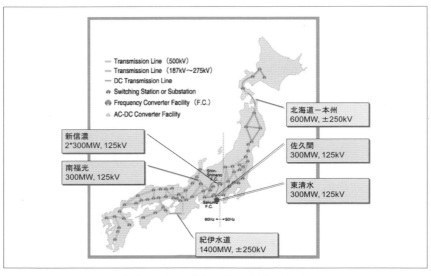

〔図3-11〕日本の直流送電システム

紹介したPMを具備しており、四国－関西間のローカルな動揺や60Hz広域連系系統全体の動揺の安定化に寄与している。

2.2 自励式直流送電

2.2.1 自励式直流送電システムの構成

自励式直流送電システムは、自己消弧素子を用いた自励式変換器による直流送電システムであり、実用化されている2端子システムの構成例

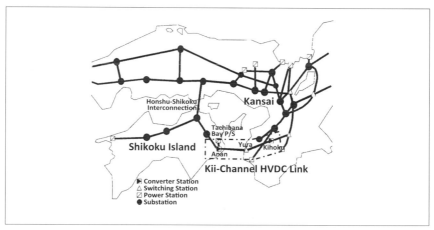

〔図3-12〕紀伊水道直流連系

〔図3-13〕サイリスタバルブ

を図3-14[1)]に示す。各端子(変換所)は、(1)自励式変換器(直流コンデンサを含む)、(2)連系リアクトル、連系変圧器あるいは変換器用変圧器、(3)交流フィルタ、(4)直流フィルタ、(5)制御保護装置から構成される。それぞれの構成要素は次のような機能を有する。

(1) 自励式変換器

　IGBTなどの自己消弧素子を用いた交直変換回路であり、直流送電用途では、一般的な三相ブリッジ回路構成を有する2レベル変換器(図3-15)と中性点クランプ方式の3レベル変換器(図3-16)が実用化されている。これらの変換器運転には、一般的に、PWM(Pulse Width Modulation)制御が適用されており、2レベル変換器のPWM制御方式を図3-17[5)]に示す。直流送電用途においては高電圧大容量化が要求されるため、自己消弧素子の多数個直列接続が必要となり、制御機能としてもPWMを実現する基本制御に加えて、直列接続素子の過渡状態を含めた

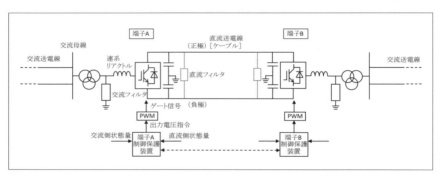

〔図3-14〕自励式直流送電システムの構成例

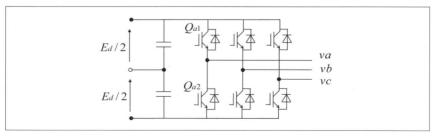

〔図3-15〕自励式変換器回路(2レベル変換器)

分担電圧均一化制御が組み込まれている。しかしながら、自励式変換器の高電圧大容量直流送電への適用が進む近年、これらのトポロジーでは、高電圧大容量化、すなわち素子直列接続数の限界に達しつつある。このため、高電圧大容量自励式直流送電への適用を目的とした図3-18[6]のトポロジーを有するモジュラーマルチレベル変換器MMC（Modular Multilevel Converter）の開発・実用化が進められている。今後、300MW程度を超える大容量自励式直流送電システムでは、この方式の採用が進

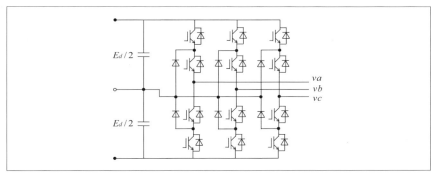

〔図3-16〕自励式変換器回路（3レベル変換器）

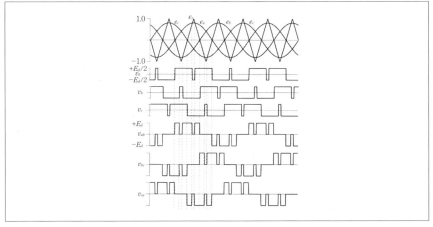

〔図3-17〕2レベル変換器のPMW制御（3パルス運転）

んでいくものと考えられる。
(2) 連系リアクトル、連系変圧器あるいは変換器用変圧器
　交流系統と連系運転する際の変換器動作に必要なリアクタンス分の供給と交流電圧調整の両方の機能を実現するため、連系リアクトルと連系変圧器の組み合わせ、あるいは変換器用変圧器が設置される。図3-14の自励式直流送電システムでは、連系リアクトルと連系変圧器の組合せ方式を用いたものであり、この場合の連系変圧器には、高調波の流入がなく、一般的な変圧器を採用できる。また、変換器の多重化を行うような場合には、変換器用変圧器が必要となる。
(3) 交流フィルタ
　自励式変換器に起因する交流側高調波を規定値以下とするために、交流フィルタが設けられる。自励式変換器の等価スイッチング周波数（多重化やマルチレベル化の効果を考慮したスイッチング周波数）が高いほど、交流フィルタの所要容量を削減できる。一方、スイッチング周波数の増大とともに変換器損失が増えるため、システム設計においては、最

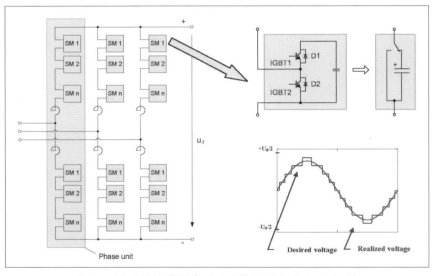

〔図3-18〕直流送電用自励式変換器回路（MMC方式）

適なスイッチング周波数選定が重要となる。

(4) 直流フィルタ

電圧形変換器であり、通常は必要ないが、変換器制御に三次高調波モジュレーションなどを施した場合に設置される。

(5) 制御保護装置

直流送電システムの常時の運転制御と系統事故時の保護を行う。自励式変換器は電圧形変換器であり、系統事故時の過電流保護が重要となる。また、通常、他励式システムより高速な演算処理能力が要求される。

自励式システムの直流線路に関しては、現時点で実用化されているのはすべてケーブルであり、基本的には、雷事故フリーのシステムとなっている。図3-14の直流回路は単極の構成であるが、直流側中性点（あるいは中間点）を接地することにより双極で運転するシステムとしている。また、複数の変換器ユニットを用いて、図3-6の他励式システムと同様に、システム構成上も、中性線を有する双極システムとすることができる。

2.2.2　自励式直流送電システムの運転・制御[5]

2端子自励式直流送電システムの代表的な運転・制御方式である電圧マージン方式の制御特性を図3-19に示す。自励式直流送電システムでは、無効電力は各端子独立に、容量限度までの制御が可能であるため、2端子間の協調が必要となるのは有効電力に関してのみである。すなわち、直流電圧を一定に保った状態で、順変換器から直流系統に流入したエネルギーをすべて逆変換器から出力する、有効電力のバランス制御が必要となる。このための制御回路を図3-20に示す。図3-20の有効電力

〔図3-19〕電圧マージン方式による自励式直流送電システムの運転・制御

制御に着目すれば、A、B各端子の直流電圧一定制御（DC-AVR）、有効電力一定制御（APR）により、それぞれ図3-19に示すような制御特性を作り出す。この際、逆変換器運転を行う端子の直流電圧設定値を電圧マージン（ΔE_d）だけ小さく設定することで、両端子特性の交点が運転点となる。また、自励式システムにおいては、潮流反転は電圧マージンを差し引く端子を入れ替えることで実現できる。潮流反転時には、直流電圧極性は変わらず、直流電流の向きが逆方向となる。潮流方向によらず直流電圧極性が一定である点は、ケーブル送電、特にCVケーブルによる送電との組み合わせに適しているというメリットをもたらす。

2.2.3 自励式直流送電の適用メリット

自励式直流送電システムには、前述の直流送電システムの基本的メリットに加えて、次のようなメリットがある。

① 有効電力と無効電力の独立制御が可能である。これにより、他励式システムで必要であった調相設備が不要となるほか、変換器容量の範囲内でSTATCOMと同等の電圧安定化制御（無効電力制御）が可能とな

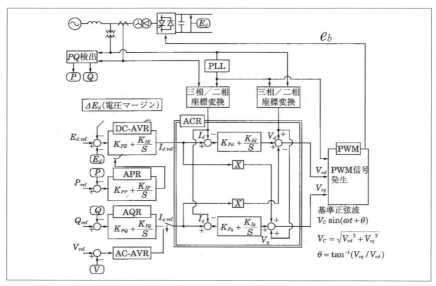

〔図3-20〕電圧マージン方式による自励式直流送電用変換器制御回路

る。さらに、系統動揺に応じて PQ を動的に制御することにより、最適なダンピング制御を実現できる。
② 他励式システムの欠点である転流失敗の問題がない。
③ 直流電圧があれば、交流電圧がなくても運転できる。このため、連系する一方の交流系統が健全であれば、直流送電システムの運転が可能であり、ブラックスタート機能を具備することができる。
④ 高周波スイッチングにより、交流フィルタを削減できる。

一方デメリットには、変換器コストが高いこと、損失が大きいこと(運転コストの増大と見ればコスト高に集約される)が挙げられるが、MMC 方式の開発は、これら経済性の問題の解決にも寄与する技術革新として期待される。

2.2.4 自励式直流送電の適用事例

1997 年に世界最初のパイロットシステム(3MW、10kV)がスウェーデンで運開して以来、実適用が拡大してきているが、国内での適用実績はまだない。

実運用システムの代表例として、Cross Sound Cable プロジェクトのルート図を図 3-21 に、変換所の写真を図 3-22 に示す[7]。このシステムは、

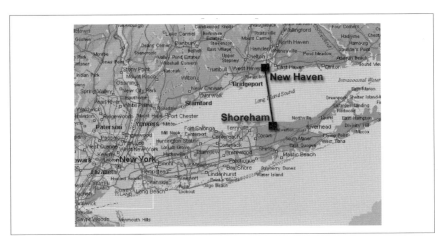

〔図 3-21〕Cross Sound Cable のルート図

2003年8月のニューヨーク大停電直後に運開し、自身で電力供給を行うとともに、交流電圧制御機能を活用して、弱い交流送電ルートの安定性を確保し、停電直後のニューヨークへの安定供給を支えた実績がある。ここでの成功により、都市部への安定供給を支える送電システムとしての自励式直流送電システムの適用が拡大しつつある。2010年にはMMC方式を適用した最初の直流送電プロジェクトとしてTrans Bay Cableプロジェクト（図3-23）が運開している[8]。

〔図3-22〕Shoreham変換所

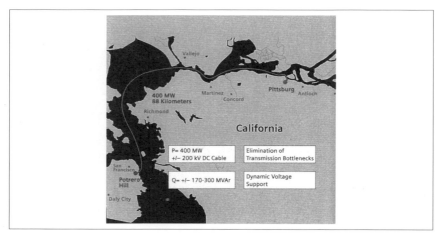

〔図3-23〕Trans Bay Cableプロジェクト

参考文献

1) 谷口治人編著:「電力システム解析－モデリングとシミュレーション－」, pp.23-25, オーム社, 2009年
2) WG B4.37 : "VSC Transmission," CIGRE Technical Report No.269, 2005.
3) T. Shimato, T. Hashimoto and M. Sampei : "The Kii Channel HVDC Link in Japan," CIGRE 2002 Paper No.14-106, 2002.
4) M. Takasaki, T. Sato, S. Hara and H. Chisyaki : "Operating Experiences and Results of On-line Extinction Angle Control in Kii-channel HVDC Link," CIGRE 2004 Paper No.B4-212, 2004.
5) 町田武彦編著:「直流送電工学」, 東京電機大出版局, 1999年
6) H. Huang : Multilevel Voltage-Sourced Converters for HVDC and FACTS Applications, CIGRE SC B4 2009 Colloquium, Paper No.401, 2009.
7) http://www.abb.com/industries/
8) WWW.siemens.com/energy/hvdcplus

3．FACTS

FACTS（Flexible AC Transmission Systems）は電力系統に適用されるパワーエレクトロニクス機器として1988年にHingorani氏が提唱したシステム[1]である。FACTSは一般的な送変電機器に比べてアクティブに制御できるため、電力系統に柔軟性を与え電力系統の課題を解決する能力を持ち、安定度問題や電圧問題の対策として有効である。さらに低炭素社会を目指した再生可能エネルギーの導入拡大に伴って、系統側対策に対してFACTS技術が注目されている[2,3]。再生可能エネルギーの接続によって電力系統には局所的な問題（たとえば風力連系時の系統電圧変動など）が顕在化する可能性があり、FACTSはその解決手段として効果的な装置である。

3．1　FACTSの種類

FACTSは表3-4のようにSTATCOM（STATic synchronous COMpensator）、自励式BTB（Back-To-Back）、SSSC（Static Synchronous Series Compensator）、UPFC（Unified Power Flow Controller）、TCSC（Thyristor

Controlled Series Capacitor）などがあり、その多くが自励式変換器（Voltage Source Converter：VSC）を主回路としたシステムである。

　STATCOM は自励式変換器と変圧器により構成され、その変圧器は電力系統に対して並列に接続される。SSSC は自励式変換器と変圧器により構成され、その変圧器は電力系統に対して直列に接続される。変圧器を系統に並列に接続するタイプを STATCOM、直列に接続するタイプを SSSC ということができる。

　STATCOM と SSSC には電圧型自励式変換器が適用されるため、直流

〔表 3-4〕FACTS 種類と回路

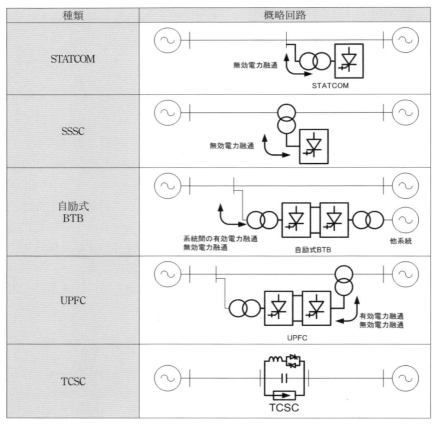

側の直流電圧を一定にさせる目的で直流コンデンサが用いられている。この直流電圧を裁断し交流電圧を作り出しているが、これらの二つのタイプの変換器は電力系統に対して無効電力を供給する装置である。

自励式 BTB は 2 台の STATCOM の直流側を接続した装置であり無効電力出力に加え有効電力の融通が可能である。また自励式変換器は有効電力と無効電力を独立に制御することが可能である。

UPFC は STATCOM と SSSC の直流側を接続した装置であり、有効電力と無効電力の独立制御が可能である。また、UPFC の応用として IPFC（Integrated Power Flow Controller）もある。TCSC はこの中で唯一他励素子であるサイリスタを使用した機器であり、サイリスタスイッチングで可変となるリアクトルを、直列コンデンサに並列に接続した装置である。

3．2　FACTS 制御

FACTS の主回路構成は自励式変換器をベースにしているものが多く、導入事例の多い STATCOM を例に挙げて自励式変換器の制御について示す。FACTS 制御は図 3-24 のように系統制御と変換器制御の二つの階層に分類することができる。系統制御は電力系統に対する制御であり、変換器制御は変換器自体を安定に動作させるための制御である。図 3-25 は STATCOM の制御ブロック概略図であり、表 3-5 は各機能の概要である。

3．3　系統適用時の設計手法

送電対策など系統課題に対して様々な効果を発揮できることが FACTS の特長である。送電線建設などに比べて工期が短く、使い勝手のよい装置である。また、再生可能エネルギーの導入拡大に伴って欧州では FACTS 導入が進んでいる。大規模ウインドファームなど発電出力

〔図 3-24〕FACTS 制御の階層

が自然現象によって影響を受けることで、有効電力変動や電圧変動などを生じる。電力系統全系に影響を及ぼすまで再生可能エネルギーの導入規模が増加すると、系統の周波数問題などが生じる。しかし、系統に接続される大規模ウインドファームの導入初期段階では、系統容量に対するウインドファーム容量が小さく有効電力に関わる系統課題は生じにく

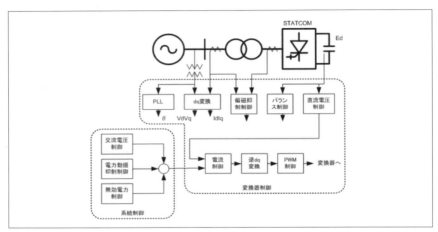

〔図 3-25〕STATCOM 制御ブロック概略図

〔表 3-5〕変換器制御と系統制御

変換器制御	
電流制御	変換器電流を一定に制御。
直流電圧制御	変換器の直流側電圧を一定に制御。
PLL	Phase Locked Loop の略で交流系統の位相を検出。
dq 変換	検出した三相交流電圧、三相交流電流を dq 変換することで 2 軸成分に分離し、有効分と無効分を独立に制御可能。
逆 dq 変換	dq 変換した 2 軸成分を三相成分に変換。
バランス制御	3 レベル変換器の直流電圧 P-C 間、C-N 間電圧のバランス制御。
偏磁抑制制御	変換器用変圧器の偏磁を抑制する制御。
PWM 制御	所望の交流電圧を変換器から出力するための変換器スイッチングパターンを決める制御。
系統制御	
交流電圧制御	系統電圧を一定に制御。
電力動揺抑制制御	潮流などを検出し系統動揺を抑制する制御。
無効電力制御	無効電力指令値を与え変換器から出力する無効電力を制御。

い。一方、大規模ウインドファームが接続される変電所近傍のローカルエリアでは、有効電力潮流の変動によって電圧変動が発生する場合も少なくない。このような電圧変動は一般的な既設の電圧制御機器で抑制することは難しく、短絡容量増などの対策を取らざるを得ず困難である。しかし、STATCOMは高速な応答を持ち電圧変動を抑制できる。大規模ウインドファームの電圧対策として、特に欧州でSTATCOMなどの導入が活発化している。

このように、STATCOMは電圧変動抑制対策として効果を発揮し、さらに表3-6のように、その他様々な系統課題に対する解決策として用いることができる。いずれの目的にもすでに実用化されており、電力系統の諸問題対策として実際に適用されている。

3．4　電圧変動対策

系統電圧を制御する方法は、大別すると表3-7のように、電圧指令値を与えて指令値どおりに制御するVref形AVRと、系統電圧の変動分を検出して変動分を抑制する ΔV 形AVRがある。STATCOMの最も基本的な機能である。電力系統に適用されているほとんどのSTATCOMに具備されている制御である。

(1) Vref形AVR：
・系統電圧を一定に保つ目的。
・常時電圧指令値を与え、指令値に近づけるような電圧となるように

〔表3-6〕系統課題に対応したSTATCOM適用法[4]

系統課題	系統制御	目的	実用化
電圧変動	AVR	電圧変動抑制対策	○
定態安定度	Qバイアス、AVR、PSS	定態安定度向上や送電容量向上を目的とした送電設備対策	○
電圧安定性	電圧安定性対応AVR	負荷増や負荷側発電機廃止による電圧不安定・崩壊懸念時の対策	○
過渡安定度	過渡安定度対応制御、PSS、AVR	系統故障による発電機脱調を防止し運用性向上対策	○
過電圧抑制	AVR	ルート断故障による分離系統でのフェランチ現象過電圧抑制対策	○
同期	AVR	系統故障時の同期外れ対策	○

〔表3-7〕電圧制御手法

	制御ブロック	V-Q特性
Vref形 AVR	V指令 → (+/−) → $\frac{K}{1+T_1 S}$ → STATCOM無効電流指令、V検出	
ΔV形	V検出 → $\frac{TS}{1+TS}$ → ΔV → $\frac{K}{1+T_1 S}$ → STATCOM無効電流指令	

無効電力を出力する。
・スロープリアクタンス（ゲインKの逆数）の設定により無効電力出力の感度が変化。

(2) ΔV形AVR：
 ・電圧変動を抑制する目的
 ・定常出力0で待機し電圧変動時のみ無効電力出力
 ・リセットフィルタ時定数Tにより変動抑制時間を決定
 ・スロープリアクタンス（ゲインKの逆数）の設定により無効電力出力の感度が変化

3.5　定態安定度対策 [5, 6]

長距離送電線、送電線の重潮流などが原因で定態安定度制約が生じ所望の潮流を流せない場合、STATCOMにより定態安定度向上を図ることができる。定態安定度向上には、表3-8のようにQバイアス制御、AVRやPSSによる方法がある。系統に応じて、Qバイアス制御やAVR、PSSを組み合わせることで安定度向上効果を高めることが可能である。

(1) Qバイアス
 ・無効電力／無効電流指令をSTATCOMに与え無効電力を出力する。
 ・送電線の重潮流時に定常的に無効電力を供給することで、定態安定度向上、送電容量向上を図る。

〔表 3-8〕定態安定度向上制御

	制御ブロック	安定度対象
Qバイアス制御	Q指令 → Qバイアス制御 → STATCOM無効電流指令	固有定態安定度
AVR	(V指令) +/− → AVR → STATCOM無効電流指令 ／ V検出	固有定態安定度 動的定態安定度
PSS	送電線潮流 → PSS → STATCOM無効電流指令	動的定態安定度

(2) AVR
・無効電力を出力し電力系統の同期化力を向上。
・送電線重潮流などによって低下した系統電圧を検出し、電圧低下を抑制する。
・Vref 形 AVR、ΔV 形 AVR ともに適用可能。

(3) PSS (Power System Stabilizer)
・無効電力を出力し電力系統のダンピング力を向上。
・送電線潮流などから系統動揺周期に応じた系統動揺を検出し、系統動揺を抑制する。

(4) 系統適用例

定態安定度向上を目的とした STATCOM の系統適用例として、世界最大容量 STATCOM である中部電力東信変電所 450MVA STATCOM がある。大容量上越火力発電所の建設に伴い、500kV、275kV 長距離送電線を介して接続されるが、送電線距離が長く定態安定度問題が懸念され、重潮流時に送電線 1 回線が開放されると同期化力が低下し定態不安定が生じるため、STATCOM を適用し定態安定度対策を行っている。図 3-26 に STATCOM の V-Q 特性と定態安定度向上効果例を示している。送電線 1 回線開放により定態不安定となっているが STATCOM 適用により安定化できている。

さらに、定態安定度向上を目的とした STATCOM の系統適用例として、

世界初 STATCOM である関西電力犬山開閉所 80MVA STATCOM（犬山SVG）がある。図 3-27 のように大容量水力発電機群が長距離送電線を介して接続しており、送電線距離が長いため定態安定度に制約がある。電気的中間点近傍へ STATCOM を適用することで水力発電機群全量送電が可能となり、長距離送電線 1 回線開放時の定態安定度向上を図っている。

3.6 電圧安定性対策[7～9]

需要増による送電線の重潮流化や、発電機停止・廃止などで有効電力の突き上げが減少して送電線の重潮流化によって電圧不安定現象や電圧崩壊などの電圧安定性問題が生じる。P-V カーブなどにより評価されるが、STATCOM は図 3-28 に示すようにその P-V カーブをほぼ P 軸方向に拡大できる。また、送電線 1 回線開放など P-V カーブが急激に変化し不安定に至るような場合でも、STATCOM の高速な応答により電圧不安定や電圧崩壊を防止できる。

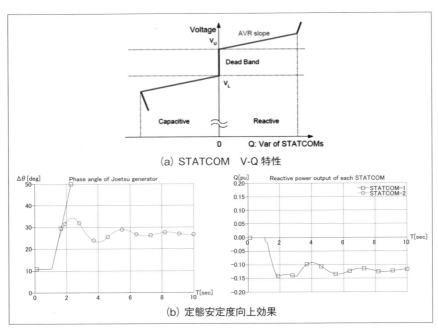

〔図 3-26〕定態安定度対策・過電圧抑制対策 450MVA STATCOM

(1) AVR
① 電圧低下を補償。
② STATCOM 容量まで系統電圧を一定に保持し P-V カーブを拡大。
③ 重潮流時の送電線 1 回線開放による大幅な電圧低下を高速に補償し電圧安定化が図れる。
(2) 変圧器タップ協調制御
① STATCOM の AVR は高速な応答性を有するため、既設電圧調整機器である変圧器タップよりも先に動作してしまう。
② 重潮流時の送電線 1 回線開放による電圧崩壊防止には、STATCOM 進相無効電力出力余裕の確保が必要。
③ AVR により系統電圧を常時一定に保持した場合、STATCOM は無効電力を出力しているため、電圧崩壊防止のための STATCOM 無効電力容量が不足している可能性あり。

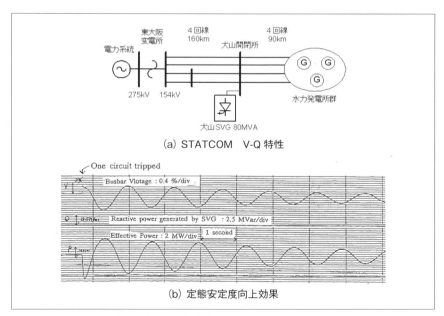

(a) STATCOM V-Q 特性

(b) 定態安定度向上効果

〔図 3-27〕定態安定度対策 80MVA STATCOM

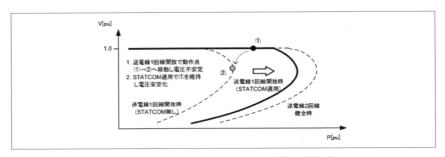

〔図 3-28〕STATCOM 適用時の電圧安定化

④常時の系統電圧変動は変圧器タップ制御を動作させ、送電線 1 回線開放時のような電圧安定性問題が生じる場合には STATCOM を動作させる協調が必要。
⑤ AVR と変圧器タップ協調制御を組み合わせ電圧安定性対応 AVR として用いる。

(3) 調相設備協調制御
① STATCOM の AVR は高速な応答性を有するため、既設電圧調整機器である調相コンデンサ・リアクトルよりも先に動作してしまう。
②調相設備協調制御を適用することで、STATCOM 出力を調相コンデンサやリアクトルで持ち替えて STATCOM 出力余裕を確保する。
③ AVR と調相設備協調制御を組み合わせて用いる。

(4) 系統適用例
　電圧安定性向上を目的とした STATCOM の系統適用例として、関西電力神崎変電所 80MVA STATCOM がある。都市部の火力停止により下位系からの有効電力、無効電力突き上げがなくなり、上位系からの送電線が重潮流化し、送電線 1 回線開放時の電圧安定性問題が懸念された。その対策として STATCOM が適用された事例である。変圧器タップとの協調制御を適用し電圧安定性問題が生じる場合に STATCOM から無効電力が供給され電圧不安定、電圧崩壊を防止している。STATCOM 適用により P-V カーブが拡大している。図 3-29 に STATCOM の V-Q 特性と P-V カーブ適用効果を示す。

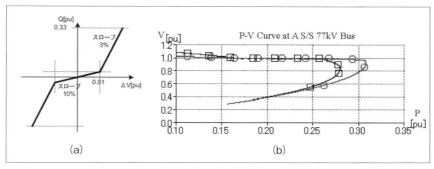

〔図 3-29〕(a) 電圧安定性対応 STATCOM の V-Q 特性
(b) P-V カーブ適用効果

3.7 過渡安定度対策[10]

新しい過渡安定度対策の手段として STATCOM を適用する方法がある。電源線などに STATCOM を適用し線路潮流などを検出し過渡安定度対応制御を施すことで発電機脱調防止が可能となる。

(1) AVR
①系統故障時の系統電圧低下を抑制し同期化力を向上することで発電機脱調を防止する。
②系統故障除去後、系統動揺による系統電圧変動を STATCOM 出力により抑制する。
(2) PSS
①有効電力潮流変動を検出し、系統動揺に応じた動揺抑制を行うことで、系統のダンピング力を向上させ発電機脱調を防止する。
② AVR、PSS の出力信号を STATCOM 無効電流指令値とする。
(3) 過渡安定度対応コーディネーション制御
①図 3-30 のように、AVR、PSS の過渡安定度対応コーディネーション制御により最適な発電機脱調防止を実現する。
②系統状況によりコーディネーション方法が変わるため、系統特性に応じてコーディネーション制御を構築する。
(4) 系統適用検討例

STATCOM の系統適用検討例として、長距離水力幹線系統における発電機脱調防止を目指した事例がある。過渡安定度対応制御ブロックを適用することで、STATCOM 容量 130MVA を設置すると対象故障の発電機脱調を防止できることを示している。図 3-31 のように、STATCOM（SVG）がない場合、系統故障により発電機は一波脱調しているが、STATCOM（SVG）適用により発電機は脱調せず安定化できていることがわかる。

3．8　過電圧抑制対策

　基本的には電圧変動対策と同様の考え方になり、AVR により高速に無効電力を吸収し過電圧を抑制する。AVR は Vref 形 AVR と ΔV 形 AVR ともに適用可能である。また、高速な過電圧抑制方法として電流フォーシングがある。図 3-32 のように AVR と電流フォーシングの組合せることもできる。

（1）AVR
①過電圧を検出し過電圧を抑制する。
②電圧低下、電圧変動に応じた出力が自動的に決まる。
（2）電流フォーシング制御
① AVR よりもさらに高速な電流制御応答を利用できるため、AVR よりも高速な過電圧抑制が可能。
②過電圧検出により無効電流フォーシング指令を与え、所望の無効電流を出力させる。

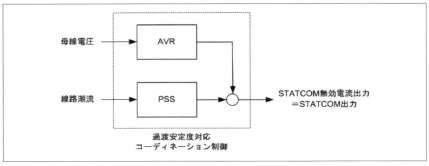

〔図 3-30〕過渡安定度対応制御ブロック例

(3) 系統適用例

過電圧抑制を目的としたSTATCOMの系統適用例には、定態安定度対策の系統適用例で示した中部電力東信変電所STATCOMがある。長距離大容量送電時に送電線での無効電力損失を補償するため、多量の電力用コンデンサが並列されているが、発電機と長距離送電線を分離系統として残すようなルート断故障が発生すると、分離系統ではフェランチ現象により過電圧問題が発生する。過電圧抑制制御を適用して系統過電圧を高速に抑制している。図3-33に示すように高速に過電圧を抑制できる。

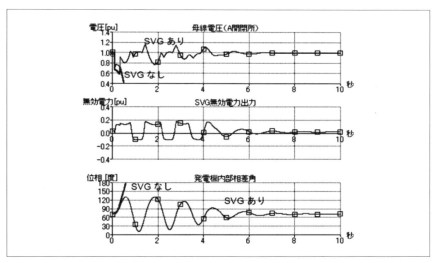

〔図3-31〕STATCOM（SVG）適用による過渡安定度向上効果例

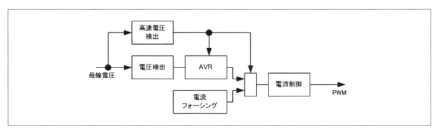

〔図3-32〕過電圧抑制制御ブロック例

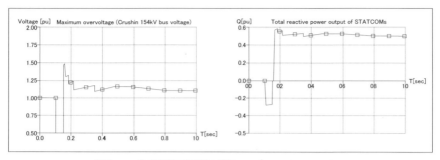

〔図 3-33〕過電圧抑制対策 450MVA STATCOM

3.9 同期外れ対策

　系統間が長距離線路で接続され重潮流が流れている場合、系統故障が発生すると電圧低下が生じ長距離線路両端の系統は同期が維持できず脱調する可能性がある。STATCOM を適用することで同期化力が向上し、AVR により電圧低下を抑制することで同期外れを抑制できる。

① 重潮流時の無効電力損失による電圧低下に対して無効電力を供給し補償。

② 系統故障による電圧低下を抑制し同期化力を向上することで同期外れを防止している。

参考文献

1) Narain G. Hingorani : "High Power Electronics and flexible AC Transmission System. Hingorani", Power Engineering Review, IEEE Volume: 8, Issue: 7. pp.3-4, July 1988.

2) Shosuke Mori : "Initiatives perspectives by the power industry towards a low carbon emission society", Keynote address of Paris Session CIGRE 2010.

3) 横山他：「次世代送配電系統最適制御技術実証 低炭素社会を支える電力ネットワークを目指して」、電気評論, Vol.95, No.10, pp.26-29, 2010 年

4) 天満他：「スマートグリッド・次世代送配電系統に貢献する

STATCOM 技術」,技術雑誌スマートグリッド4月号,pp.8-12,2012年

5) T.Akedani, et al : "450MVA STATCOM installation plan for stability improvement", Proceeding of 2010 CIGRE, Paper B4-207, Paris Session 2010.
6) S. Mori, et al : "Development of a large static VAr generator using self-commutated inverters for improving power system stability", IEEE Trans. PS, vol.8, pp.371-377, 1993.
7) M. Yagi, et al : "Role and new technologies of STATCOM for flexible and low cost power system planning", Proceedings of 2002 CIGRE, Paris, SC14-107.
8) 米沢他:「STATCOM による電圧安定度の向上」,電気学会電力技術研究会,PE-04-1,pp.1-6,2004年
9) Reed,G. et al : "The VELCO STATCOM-Based Transmission System Project", 2001 IEEE PES WM, Vol.3, pp.1109-1114, 2001.
10) 安喰他:「過渡安定度向上 STATCOM の開発」,電気学会電力技術研究会,PE-11-187,2011年

4. 配電系統用パワエレ機器

配電系統および上位の二次系統へのパワエレ機器適用は、基本的には、電力品質の調整用途であり、図3-34[1)]に主要な設置場所を例示する。これらのパワエレ機器には、主として常時の電力品質の改善を目的とし、変電所から需要家主母線の間に設置される電源品質改善装置と、雷撃などの異常時における瞬時電圧低下や停電の対策を行う重要負荷向け電力品質改善装置がある。ここでは、各種の配電系統用パワエレ機器について、基本的な機器構成と動作特性、および実際の適用形態を概説する。

4.1 SVC

4.1.1 回路構成と動作特性[2)]

SVC (Static Var Compensator) は、リアクトルおよびコンデンサとサイリスタを組み合わせた要素機器により無効電力を補償する FACTS

(Flexible AC Transmission System) 機器である。代表的な構成には、図3-35に示すような、(a) FC (Fixed Capacitor) +TCR (Thyristor Controlled Reactor) タイプと、(b) TSC (Thyristor Switched Capacitor) +TCR タイプがある。

　いずれのタイプの SVC においても、無効電力を連続的に制御するのは TCR である。TCR はリアクトルに直列に逆並列サイリスタを接続した装置であり、リアクトルを流れる電流は、サイリスタの点弧角 α によって連続的に制御できる。いま、TCR への正弦波印加電圧の $\pi/2$ 位相を $\alpha=0$ とすると、リアクトル電流 $i_L(\alpha)$ は図3-36のように α に伴って連続的にその基本波成分が変化する。この基本波成分の振幅 $i_{LF}(\alpha)$、および各次高調波成分の α に対する変化を見たものが図3-37である。TCR 電流の基本波成分に着目すれば、α に伴って連続的に誘導

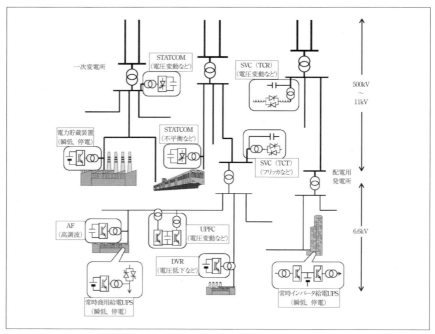

〔図3-34〕電力品質調整用パワエレ応用装置の主な設置場所[1]

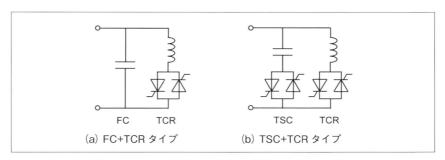

〔図 3-35〕SVC 構成

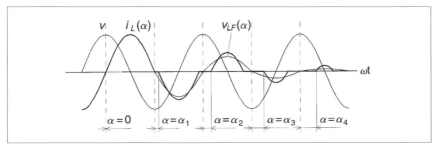

〔図 3-36〕点弧角に伴う TCR 電流の変化

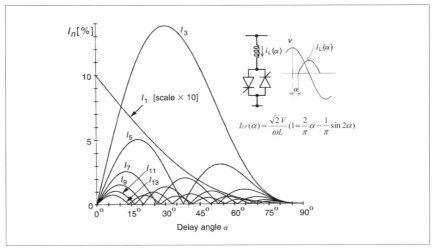

〔図 3-37〕TCR 電流の各調波成分と点弧角の関係

性(遅相)無効電力が調整できていることになる。

FC+TCRタイプSVCを例に、誘導性(遅相)無効電力を正と定義した場合の無効電力要求量に対する無効電力制御特性を図3-38に示す。Qの要求量に従って、TCRの制御角を$\alpha = \pi/2$から0方向に変化させることで、誘導性の無効電力を連続的に増加させることができる。したがって、FC+TCR全体としてみれば、容量性から誘導性に無効電力が連続的に変化する。

なお、ここでの説明においては、SVC構成として単相回路のみを示したが、実際の三相回路においては、これらの単相要素をΔ結線した構成をとる。

4.1.2 配電系統への適用

配電系統用SVCは、PVの導入拡大に伴って、亘長の長い配電フィーダの電圧調整用として適用が進みつつある。配電系統用途では柱上に設置するためTCRとTSCが個別に装置化され、コンパクトなものとなっている。図3-39にはTCRの柱上設置状況を、図3-40にはこのTCRの装置構成図を示す[3]。このような配電系統用SVCは需要家の負荷変動による電圧変動抑制のために需要家内に設置される場合もある。

SVCはまた、アーク炉などの変動負荷によるフリッカの対策装置とし

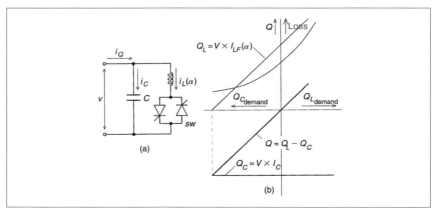

〔図3-38〕FC+TCRタイプの無効電力制御特性と損失特性

ても用いられる。フリッカとは、製鉄用アーク炉などの運転により、不規則な電圧変動（数〜数十Hz）が発生すると照明設備のちらつきなどを引き起こすものである。このフリッカの対策用として、SVC は、TCR の高速制御性を利用して急峻な負荷変動において生ずる電圧変動を抑制するものであり、原理的には電圧制御目的の SVC と何ら変わりはない。フリッカ抑制の場合には、ちらつきとして最も影響の大きい 10Hz をピ

〔図 3-39〕配電柱上への TCR の設置状況

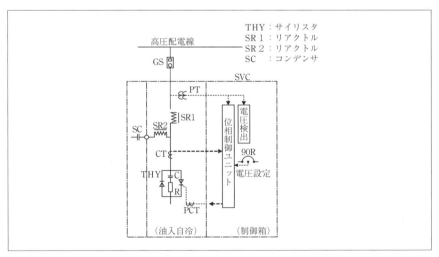

〔図 3-40〕TCR 装置構成

ークとする視感度曲線を考慮して補償特性が設計される。

　SVCの機能としては、さらに、逆相電流を制御することにより不平衡補償を可能としたタイプの設備もある。

4.2　STATCOM
4.2.1　回路構成と動作特性

　STATCOM（Static Compensator）は、SVCと同様の無効電力補償装置の一種であるが、IGBTなどの自己消弧素子を用いた自励式変換器により構成されているものを指す。基本的な2レベル変換器を用いたSTATCOM構成を図3-41に示す。STATCOMの動作特性は、無効電力について見る限り、自励式直流送電システムの片端の動作特性と何ら変わりない。また有効電力に関しては、常時有効電力設定値0の制御（厳密にはSTATCOM内部での損失分の有効電力が供給される）を行っている。STATCOMのトポロジーとしては、近年、図3-42に示すMMC方式を採用した装置も実用化されている[4]。

　系統電圧制御のための変換器制御方法をベクトル図にて説明したものが図3-43である。無効電力の調整には、系統電圧と同相の電圧を変換器が出力すればよく、図3-42に示すように、無効電力を系統に供給し

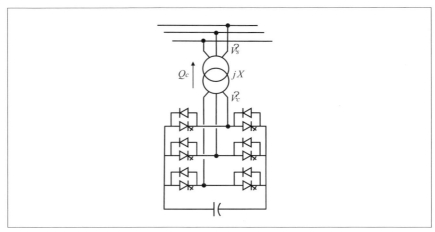

〔図3-41〕STATCOM構成

系統電圧を上昇させたい場合には系統電圧より大きい電圧を、逆に系統電圧を低下させたい場合には系統電圧より小さい電圧を変換器が出力すればよい。

4.2.2 配電系統への適用

配電系統用 STATCOM の導入目的の第一は、SVC 同様、PV 大量導入などに対応した配電系統の電圧調整である。STATCOM は、原理からもわかるように、無効電力補償に関し、物理的なインダクタンス、キャパシタンスを必要としない。さらに、高周波スイッチングによるフィルタ削減が可能なこと、スイッチングデバイスの直列接続あるいは MMC 方

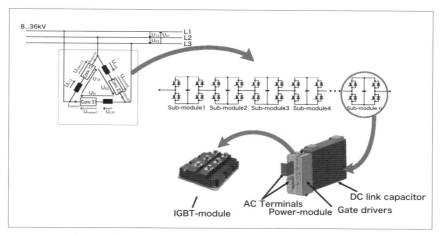

〔図 3-42〕MMC 方式を用いた配電システム用 SATCOM

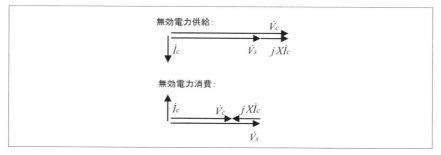

〔図 3-43〕無効電力調整のための変換器出力電圧制御

式の採用によりトランスレス化が実現できること、など小型化に直結する特長を有するため、今後の適用が拡大することが期待される。

電圧変動抑制における無効電力の補償能力に関して、SVCとの比較を含めて見ておく。STATCOMの無効電力補償特性を図3-44（a）に示す[2]。STATCOMは、系統電圧低下時にも直流側電圧が維持できる限り、変換器電流最大値を限度として、一定の無効電流（ここでは無効電力に対応した電流成分を無効電流と呼ぶ）を系統側に供給することができる。直流側電圧が維持できないのは、損失に対応した電力を系統から供給できない程度まで系統電圧が低下した場合であり、実質的には、制御系が正常に動作できる限り、電圧低下側のほぼすべての領域において一定の無効電流が供給できると考えてよい。したがって、無効電力の供給能力は、系統電圧の低下に比例して減少する。一方、この無効電力供給能力をSVCについて見たものが図3-44（b）である。SVCの場合、無効電流供給は系統電圧に比例して低下する。このため、無効電力供給能力は、系統電圧の二乗に比例して減少し、STATCOMに比して、やせ細ったような無効電力補償特性となる。この違いから、電圧低下に対する無効電力補償能力はSTATCOMの方が高いことがわかる。

図3-45にSTATCOMの設置状況を、図3-46に装置構成を示す[3]。また、

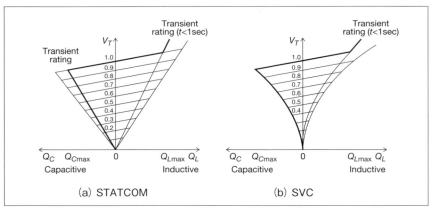

〔図3-44〕STATCOMとSVCの無効電力補償能力

MMC方式を採用したコンテナ収納型STATCOMの実用化例を図3-47に示す。これは、国外の高圧配電系統である35kVまでのMV（Medium Voltage）用STATCOMであり、Hブリッジ型のモジュールを直列接続した変換器をトランスレスでΔ結線したものである[5]。

　STATCOMの用途としては、SVC同様、フリッカ抑制用としても用いられる。この用途での、回路構成を図3-48に示す[1]。フリッカの原因となる負荷電流に対し、180°の位相差を有する電流をSTATCOMから供給することによりフリッカを抑制できる。このときの補償能力における

〔図3-45〕STATCOM設置状況

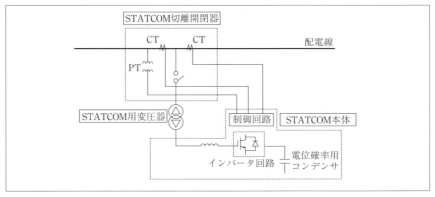

〔図3-46〕STATCOM装置構成

SVC との差異は、高周波スイッチングの効果として、高周波領域の補償特性に優れることにある。

　STATCOM は、この高周波領域の補償能力を積極的に活用して、高調波抑制に用いるアクティブフィルタとしても利用することができる。このときの回路構成と動作を示したものが、図 3-49 である。アクティブフィルタの補償の考え方は、フリッカ抑制と同様であり、負荷（高調波発生源）電流から高調波成分を抽出し、180°の位相差を持つ電流を供給することで、系統側に流入する高調波電流を抑制することができる。

　STATCOM は電鉄用途にも広く用いられている。交流電気鉄道のような単相大容量の変動負荷は、三相電力系統に電圧不平衡を発生させる。このため、図 3-50 に示す構成での STATCOM や、このような STATCOM の

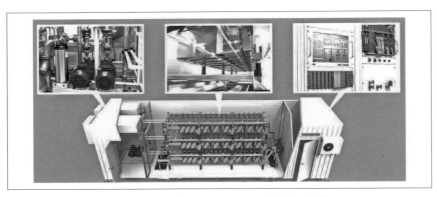

〔図 3-47〕MMC 方式を採用したコンテナ収納 MV 用 STATCOM

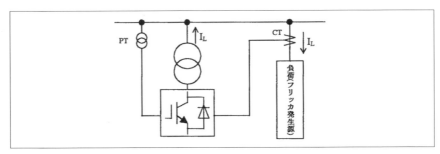

〔図 3-48〕フリッカ抑制回路

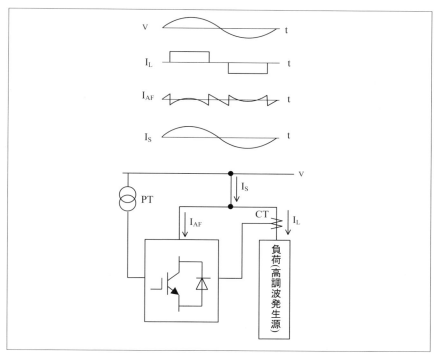

〔図 3-49〕アクティブフィルタ

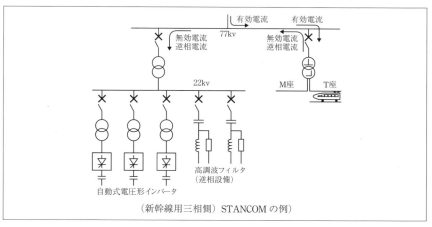

〔図 3-50〕電鉄用 STATCOM 基本構成例

応用装置が、電圧不平衡補償を目的として電鉄システムに設置されている。

4.3　DVR[1]

配電系統や需要家内において瞬時電圧低下を補償する装置として、DVR（Dynamic Voltage Restorer）が実用化されている。これは、図3-51に示すように、上位系統に事故があり負荷端で電圧が低下した場合に、低下分の電圧を直列に系統に注入し、電圧低下を補償するものである。

DVRのパワエレ回路部は、図3-52に示すように、直流送電における

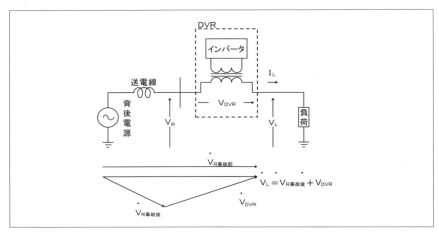

〔図3-51〕DVRによる瞬低補償

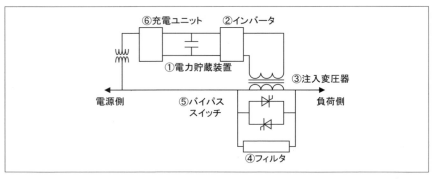

〔図3-52〕DVRの代表的な回路構成

自励式変換器を用いたBTBシステムと同じ構成で、一方の変換器を系統に直列に、もう一方の変換器を系統に並列に接続したものとなっている。この構成はまた、電力系統用の潮流制御装置であるUPFC（Unified Power Flow Controller）と同一である。

DVRでは、この直列要素により、定格電圧範囲内で任意の位相を持つ電圧を系統に印加することができ、図3-53に示すような制御系により系統事故時の電圧低下分を補償している。並列要素は直列要素で補償電圧を発生させるためのエネルギー供給の役割を持つ。なお、このDVRにおいて系統事故時の大幅な電圧低下を補償するためには、直列要素にほぼ系統電圧に等しい出力電圧が必要となるが、補償対象とする電圧低下レベルを実績などに基づき適切に設定すれば、瞬低対策として、費用対効果の高い対策となる。

4.4 ループコントローラ

ループコントローラは、図3-54に示すように自励式直流BTBと同一の構成を有し、配電システムをループ運用するための装置である。ループコントローラは、有効電力制御機能により配電線フィーダのローディング均等化、無効電力制御機能により連系点両端ノードの電圧制御を実現することができる。また、ループ化を行っても短絡電流が増加しないこと、既存の保護システムを改修することなく導入可能なこと、なども

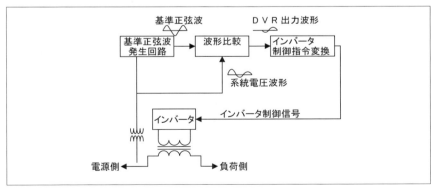

〔図3-53〕DVRの代表的な制御系構成

メリットとして挙げられる。

実用化実績はまだないが、NEDOプロジェクトにおいて、柱上設置を目標に、IGBTの直列接続技術を用いてトランスレスの6.6kV、1MVAループコントローラを試作し、検証試験を実施した実績がある[6]。

4.5 UPS[1]

UPS（Uninterruptible Power Supply）は、系統事故時に瞬時に電力貯蔵設備からの電力供給に切り替え、無停電化を実現するものであり、システム構成として、常時インバータ給電方式と常時商用給電方式に分類される。

4.5.1 常時インバータ給電方式

基本構成を図3-55に示す。商用交流入力を整流器により一旦直流に変換し、これをインバータで定電圧、定周波数の交流電圧に変換して負荷に電力供給する方式である。インバータの直流側には蓄電池が接続さ

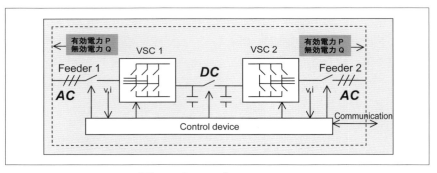

〔図3-54〕ループコントローラ

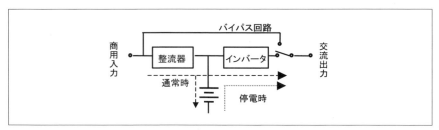

〔図3-55〕常時インバータ給電方式

れ、系統側の停電、瞬低時には、無瞬断で蓄電池から安定な電力を供給する。近年では、整流器、インバータともIGBTによるPWMインバータを用いるのが一般的である。この方式では、常時インバータを介して負荷に電力供給を行うため、入力電圧の変動や波形歪、不平衡などによらず、安定で品質のよい電力が供給できる。なお、バイパス回路は、保守時や変換装置の故障時に商用電源から直接供給する目的で設けられている。

4.5.2 常時商用給電方式

　この方式の基本構成を図3-56に示す。常時は、商用電源から直接負荷に電力を供給するが、停電発生時にはインバータからの電力供給に切り換えて、負荷をバックアップする。この方式では、インバータの常時の運転状態により、停止しておく方式、待機運転しておく方式、商用電源と並列運転しインバータで直流側の蓄電池を充電制御している方式（パラレルプロセッシング方式）がある。パラレルプロセッシング方式では、常時と停電時に制御を切り換えることが必要であり、停電を高速に検出することが重要となる。

　停電時に系統から切り離すスイッチとしては、図3-56に示すハイブリッドサイリスタ開閉器や高速限流遮断装置が用いられている。この方

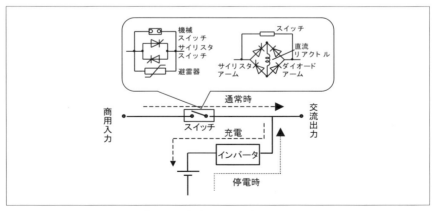

〔図3-56〕常時商用給電方式

式では、入力停電時にスイッチを一旦切り離してからインバータ供給に切り換わることから、数ms程度の瞬断が発生することになる。

参考文献
1) 電力品質調整用パワーエレクトロニクスの適用動向，電気学会技術報告，第978号，2004年
2) N. Hingorani and L. Gyugyi：Understanding FACTS, IEEE Press, 2000.
3) 配電系統における電力品質の現状と対応技術，電気協同研究，第60巻第2号，2005年
4) H. Huang：Multilevel Voltage-Sourced Converters for HVDC and FACTS Applications, CIGRE SC B4 2009 Colloquium, Paper No.401, 2009.
5) M. PEREIRA , A. ZENKNER and M. CLAUS, "Characteristics and benefits of modular multilevel converters for FACTS," CIGRE Session Paper B4-104, 2010.
6) 岡田有功他：「6.6kV-1MVAトランスレスループバランスコントローラのフィールド試験による検証」，平成19年電気学会電力・エネルギー部門大会，論文Ⅱ，No.377，2007年

5．電気鉄道用パワエレ機器
5．1　電気鉄道の給電方式の概要

鉄道における再生可能エネルギーは、車両制動時に回生ブレーキから発生する回生エネルギーといえる。回生ブレーキとは通常は駆動装置として用いている電動機（モーター）を発電機として作動させ、運動エネルギーを電気エネルギーに変換して制動をかける電気ブレーキのことである。これは電力回生ブレーキ、回生制動とも呼ばれ、その電力は回生電力と呼ばれる。回生ブレーキで発生する回生電力を活用することにより、力行車（電力を消費して走る電車）と回生車（電力を発電して走る電車）間での融通による電気車運転電力の削減、空気ブレーキなどの摩擦ブレーキパッドの摩耗率抑制や長い下り勾配区間などでの過熱によるブレーキ力弛緩の阻止、また地下トンネル内の温度上昇も抑制できる。パワーエレクトロニクスの発展とともに近年登場している新形の電気車

のほとんどがこの回生ブレーキを採用している。

電気車への電力供給を「き電」と呼び、大別して (1) 直流き電方式と (2) 交流き電方式とがある。交流き電方式には単相交流き電と三相交流き電とがあるが、以下では新幹線、在来線鉄道で採用されている単相交流き電方式について述べる。

(1) 直流き電方式

直流き電方式は世界最初の電気車運転に用いられ、その特徴は、低速域での起動トルクが強く速度制御も容易な直流直巻電動機が利用できるために電気車設備が簡単になることで発展した。近年では、交流電動機をインバータ制御する方法が一般的である。この方式は三相交流電力を整流器により直流 600～1500V に変換して、電車に直流電力として供給する。電車線路の電圧が低いため、絶縁距離を短くでき、トンネル断面を小さくできるなどの利点がある。このために、通勤輸送線区や地下鉄では直流き電方式が有利であり、また路面電車にも用いられている。一方、き電電圧が低いため変電所間隔が短かくなること、レールおよび地下埋設物の電食について配慮する必要がある。

(2) 単相交流き電方式

単相交流き電方式は、電力会社から三相交流電力を変圧器で単相電力に降圧し電車に供給する。変電所設備が簡単になり、き電電圧も特別高圧を使用するので、き電電流が小さく、変電所間隔も長くできる。このため長距離都市間輸送や新幹線のような高速鉄道に適した方式である。一方、車両に変圧器や変換器の搭載が必要となるので、車両設備が複雑になること、電車線路の絶縁間隔が大きくなること、通信誘導障害について配慮が必要である。また、三相を単相に変換して用いるため、電源側に不平衡や電圧変動が生じ、その値が問題となる場合には、対策として電力補償装置が必要となる。

5.2 直流き電方式の応用事例

5.2.1 直流電気車

1960 年代後半に直流電動機を駆動する電機子チョッパ制御方式が実用化されたが、回生ブレーキによる省エネルギー性能が評価されて、駅

間距離が短くかつ頻繁に起動・停止を行う地下鉄用の電車に採用された。1970年代にはサイリスタの高耐圧・大容量化とスイッチング速度の改善が進んだことから交流電動機駆動の開発が進められ、1980年代には可変電圧可変周波数（VVVF）インバータ制御電車の営業運転が開始された。その後は、大電流GTOサイリスタ素子による複数電動機制御、IGBT適用の3レベルおよび2レベルPWMインバータへと変遷している。制御演算方式は、当初制御演算が比較的容易なすべり周波数制御であったが、現在ではマイクロデバイスの進歩によってベクトル制御が採用されている。

インバータ制御車は、直流を電力用半導体素子により三相交流に変換し、電圧と周波数を制御して交流電動機の回転数制御を行う方式である。この制御方式は力行とブレーキ運行で主回路の切換が不要で、制御により力行あるいは回生ブレーキ運行に切り替わる。GTOサイリスタ素子使用時は主に2レベルインバータ方式が採用されていた。IGBT素子が使用されるようになると1素子に印加される電圧が1/2に抑えることができる3レベルインバータ方式が採用された。最近では高耐圧IGBT素子の開発により2レベルインバータ方式が採用されている。図3-57に2レベルおよび3レベルインバータ制御方式の主回路を示す。IGBT素子はGTOサイリスタ素子に比べ高周波スイッチングが可能で、電圧駆動形インバータでは駆動電源の省電力化ができ、スナバー回路などが簡単になる。近年製作される直流電気車はIGBT素子を使用したインバータ制御車となっている。

5.2.2　直流電力供給設備

直流き電方式の電力供給設備は、電力会社から受電した三相交流電力を整流器で直流に変換して電車線路を介して電気車に供給している。電気車が制動時に発生する回生電力は、他の力行車に消費される。回生電力が他の力行車消費電力より大きいと余剰回生電力となり回生電気車の架線電圧は上昇する。架線電圧の上昇防止対策として、空気ブレーキを併用して回生電力を抑制する回生絞込制御が行われている。回生ブレーキがすべて空気ブレーキに切り替わることを回生失効としている。整流

器は、力行電力を供給するもので、直流から交流へ逆変換することはできない。回生ブレーキを備えた電気車の導入が進むにつれ、電気車の回生絞込や回生失効となる余剰回生電力を吸収する装置の導入が進められている。

5.2.3 余剰回生電力の吸収方法

　余剰回生電力を吸収する方式には、表3-9に示すように、電源回生、電力貯蔵と熱消費がある。

　電源回生は余剰回生電力を交流電源に返還するもので、返還された電力は駅の照明や空調などの付帯電力として消費される。交流返還された電力は、特殊な場合を除き電力会社へ戻すことができないため、付帯電

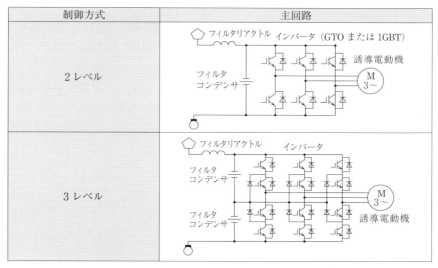

〔図3-57〕2レベルおよび3レベルインバータ制御方式の主回路[1]

〔表3-9〕直流き電回路における回生電力の吸収方式

吸収方式	概　要
電源回生	直流から交流電源に返還し交流電力系統で消費する。他励式インバータ装置と自励式PWM変換器がある。
電力貯蔵	蓄電池などの電力貯蔵媒体に蓄電／放電する。チョッパ装置と組合せたものと蓄電池直結がある。
熱消費	抵抗器の電流をチョッパ装置で制御しジュール熱で消費する。

力がない場所には適用されていない。電力貯蔵は余剰回生電力を蓄電池などの電力貯蔵媒体に一旦蓄え力行車が電力を必要としたときに放出する。この方法は、変電所だけでなく、沿線の受電設備がない場所にも適用できる。熱消費は抵抗器でジュール熱として消費するもので、電車線路電圧の上昇に合わせて抵抗器の電流をチョッパ装置で制御する。電源回生と電力貯蔵は電気車の回生電力を再利用するので省エネルギーに寄与するが、熱消費では省エネルギー効果は期待できない。以下に各方式の概要を紹介する。

(1) 電源回生

余剰回生電力を交流電源へ返還する方式としては、他励式インバータ方式と自励式 PWM 電力変換方式がある。

① 他励式インバータ方式

他励式インバータ方式はサイリスタを用い、電源電圧により転流を行うもので逆変換を行なう。図 3-58 に他励式インバータの構成例を示す。高調波の低減を目的として多重化（12 相化）されている。交流電圧制御には、電源電圧の位相からサイリスタの点弧タイミングを決定する位相制御法が適用される。この方式は低廉、低損失で実績も多いが、遅れ無効電力を発生する。

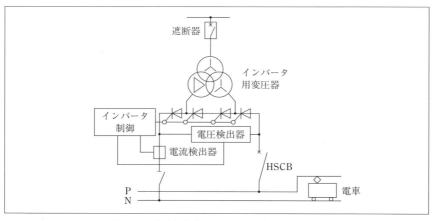

〔図 3-58〕他励式インバータ装置の構成

②自励式 PWM 変換方式

自励式電力変換方式は GTO サイリスタや IGBT などの自己消弧機能を備えたスイッチングデバイスを使用し、順変換機能（コンバータ）と逆変換機能（インバータ）を併せ持つほか、力率制御も可能である。図 3-59 に示した構成は、電圧形三相ブリッジ構成の基本構成回路で、高調波低減、大容量化を目的として変圧器により多重化構成されることが多い。電圧制御には、直流電圧をスイッチングデバイスによりパルス状の電圧として出力し、パルス出力幅を制御することで平均電圧として所定の直流電圧出力を得るパルス幅変調制御（PWM 制御）が使用される。

(2) 電力貯蔵

電力を必要に応じて貯蔵媒体に蓄電、放電することで回生電力を有効活用することができる。蓄電媒体の違いによりフライホイール式、蓄電池式、電気二重層キャパシタなどが実用化されている。

①フライホイール式

この方式はフライホイール（はずみ車）と発電電動機を組み合わせて電気鉄道の架線側の電力に余裕があるとき、架線から電力供給を受ける電動機として動作し、フライホイールを加速して回転エネルギーを蓄え、架線側電力が不足するとき、発電機として駆動してフライホイールに蓄積された回転エネルギーを電気エネルギーに変換して架線に放出する方式である。概略構成を図 3-60 に示す。

②蓄電池式

この方式では蓄電池とチョッパ装置を組み合わせて充放電制御を行う。架線電圧よりも蓄電池電圧を低く設定し、充電制御は降圧チョッパ

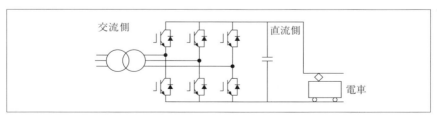

〔図 3-59〕自励式 PWM 変換器の構成

として動作、放電は昇圧チョッパとして動作させる。蓄電池の過充電や過放電を避けるため電流制限を設けている。蓄電池にはリチウムイオン蓄電池が採用されることが多い。図3-61は蓄電池を用いた地上用電力貯蔵システム回路構成の例であり、図3-62はその制御特性イメージである。

(3) 熱消費

電源回生に比べ経済的で簡便に回生電力を消費する装置としてサイリスタチョッパ抵抗が考案された。この方式はGTOサイリスタを使用したチョッパ装置で抵抗電流を制御して自動定電圧制御を行うもので、図3-63および図3-64にサイリスタチョッパ抵抗の主回路結線と動作原理を示す。

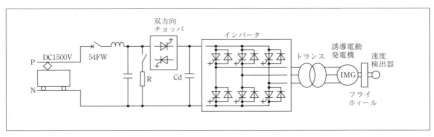

〔図3-60〕フライホイール式の回路構成例

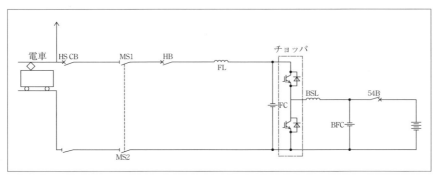

〔図3-61〕地上用電力貯蔵システム回路構成例

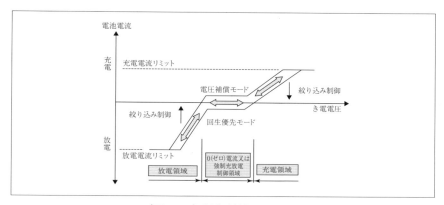

〔図3-62〕制御特性イメージ

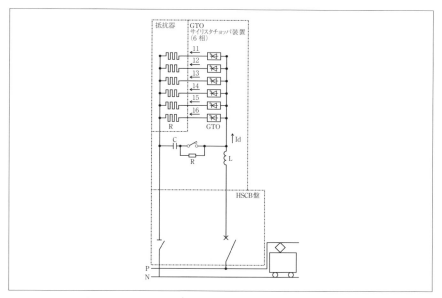

〔図3-63〕サイリスタチョッパ抵抗の主回路結線

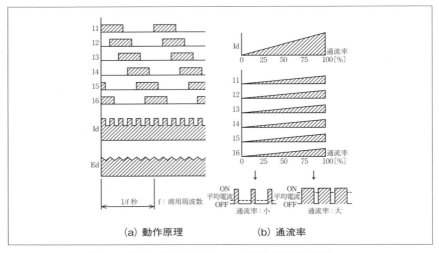

〔図3-64〕サイリスタチョッパ抵抗の動作原理

5.3 交流き電方式の応用事例
5.3.1 交流電気車

　交流き電区間を走行する交流電車においても、誘導電動機を使用したインバータ制御車が一般的になっている。誘導電動機を駆動するインバータは直流電車用と基本的な構成や制御は同じである。交流電源を直流に変換する方式の違いにより、整流器式およびPWMコンバータ式がある。

　整流器式には、主変圧器で降圧した交流を整流器で直流に変換し、直流電動機を駆動する方式（表3-10のNo.1）と、整流器にサイリスタ位相制御を用い、負荷側変換器にVVVF制御を用いて誘導電動機を駆動する方式（表3-10のNo.2）がある。整流器をサイリスタ純ブリッジにすれば交流回生ブレーキの構築が可能である。

　PWMコンバータ式は、交流電圧を直流定電圧に変換するため、PWM変調方式の単相CVCF（定電圧低周波数）コンバータと誘導電動機を駆動する三相VVVFインバータを、フィルタ機能を持つ中間コンデンサで連結し、逆変換可能なコンバータとして運転する方式（表3-10の

〔表3-10〕交流電気車の制御方式と主回路

No.	制御方式	主回路
1	整流器式(I)　整流器＋直流電動機	
2	整流器式(II)　サイリスタ整流器＋インバータ	
3	PWMコンバータ　PWMコンバータ＋インバータ	

No.3）である。交流電源の電圧と電流の方向によって、力行／回生、前進／後進の4方式の運行モードが実現できる。この方式は低次高調波を小さくでき、力率1とすることができる。

図3-65にGTOを用いたPWMコンバータ・インバータシステムの例を示す。このシステムでは、PWMコンバータ2台、インバータ1台の構成としている。この方式では、PWMコンバータが単相であるのに対し、インバータが三相であり、構成においては両装置の各相に同一容量のハードウエアが使用でき、システムとしての変換効率を高くすることができる。

5.3.2　交流き電電力供給設備

電力会社の電源は三相交流電源であり、大容量の単相電力を使用すると電源側に不平衡や電圧変動が生じ、発電機の加熱や回転機のトルク減少、照明のチラツキなどを生じる。このため、交流電気鉄道では、電気

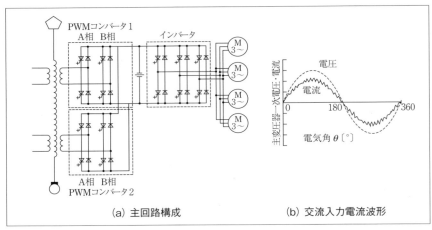

〔図3-65〕PWMコンバータ・インバータシステムの主回路構成と交流入力電流波形

　設備技術基準第55条で電圧不平衡による障害の防止について定めており、解釈260条で連続2時間の平均負荷で電圧不平衡を3％以下にするよう定めている。電圧変動に関しては電力会社から個別に、たとえば2分ウインドウで2％ないしは3％程度との目標値が定められている。

　そこで、容量の大きい電源（背後インピーダンスの小さい電源）から受電するとともに、スコット結線変圧器などによって三相電力を2組の単相電力に変換し、方面別にき電することで電源への影響を軽減している。しかし、電気車の高速化や回生ブレーキの導入、列車本数の増加に伴う負荷電流の増加に伴い、電圧の不平衡や電圧変動が大きくなることがあり、必要により静止形無効電力補償装置（SVC）による積極的な対策が行われている。

　表3-11に自励式SVCによる不平衡・電圧補償装置の方式を示す。鉄道用では三相の不平衡補償と変動負荷に対する補償として1993年に東海道新幹線で実用化された。その後、変圧器の二次側で不平衡補償を行い、き電用変圧器に二次側負荷平衡にも有効な、き電側電力融通方式補償装置（RPC）が主になっている。

〔表3-11〕自励式SVCによる不平衡・電圧変動補償装置

種類	三相自励式SVC	RPC	SFC
結線略図	(UVW三相、INV、直流C、M座、P_T+jQ_T、P_M+jQ_M)	(V、U、W、T座、M座、P_T+jQ_T、Q_t、Q_m、INV、直流C、P_M+jQ_M、$P=\dfrac{P_M-P_T}{2}$)	(V、U、W、T座、S座、M座、INV、直流C、$P+jQ$)
原理	三相側で無効電力補償・有効電力平衡化	き電側で無効電力補償・有効電力平衡化	斜辺の負荷を均一な直角成分に変換
補償対象	あらゆる負荷に対応	き電変圧器にも効果あり	単相き電

(注) SFC：single phase feeding conditionaer
RPC：railway static power conditioner

参考文献

1) 電気学会　電気鉄道における教育調査専門委員会編：「最新電気鉄道工学」, 2000年.
2) (社)日本鉄道電気技術協会：「電気鉄道におけるパワーエレクトロニクス」, 1993年.
3) 電気学会技術報告第979号, 鉄道におけるパワーエレクトロニクス技術, 2004年.
4) 松村他：「回生エネルギー貯蔵システム」, 三菱電機技報 Vol.83 No.11, 2009年.

第2章 需要家向けの適用事例

1．スマートハウス

　我が国は1973年の第一次石油ショック以来、省エネルギー化が進んでいる。しかしながら図3-66に示す資源エネルギー庁の総合エネルギー統計・エネルギー白書2012によると、最終エネルギー消費量は家庭部門おいて2010年には1973年に比して2.2倍に増加している。また1990年度に対しても14.4％の増加となっており、その増加傾向は堅調に維持されている。このため地球温暖化ガスである二酸化炭素の排出抑

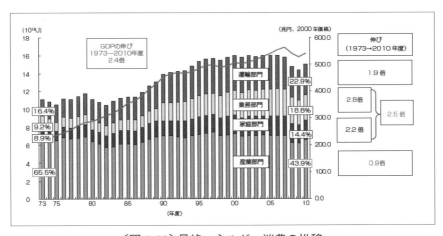

〔図3-66〕最終エネルギー消費の推移
（出典：資源エネルギー庁・エネルギー需給実績、エネルギー白書2012）

制や、原子力発電所の稼働停止による電力供給不足に対応するためにも家庭部門におけるさらなる省エネルギー化によるエネルギー消費量の削減が求められている。

一方、再生可能エネルギーによる発電電力の固定価格買い取り制度により、住宅における太陽光発電の導入も進んでおり、気象条件による出力変動の影響が無視できなくなってきている。このため、電気事業者による電力の安定供給を妨げないためにも、電力系統を不安定化させないH2G (Home To Grid) の制御システム導入が必要となってきている。すなわち、これまでの家庭部門では、センサやコントローラでインバータ制御された家電機器を効率よく使うことによる省エネルギーを目指していたが、これからは、太陽光発電・燃料電池などの発電機器や、蓄電池・電気自動車などのエネルギー貯蔵装置、さらにはヒートポンプ給湯器などのエネルギー創出・蓄積・消費をバランスよくマネージメントするHEMS (Home Energy Management System) を適用したスマートハウス化による対応が必要となってくる。

日本のエネルギー政策においても、スマートハウスを含むスマートコミュニティの国際展開、国内普及に貢献するために、業界の垣根を越えた経済界全体としての活動を企画・推進し、国際展開にあたっての行政ニーズの集約、障害や問題の克服、公的資金の活用にかかる情報の共有を行うことを目的として、スマートコミュニティアライアンス (JSCA) がNEDOを事務局として2010年に設立された。そしてJCSAの内部に、スマートハウス標準化検討会（委員長：林泰弘早稲田大学教授）が2011年11月に発足した。

スマートハウスでは、電力の見える化や需給調整契約、時間帯別料金契約、ネガワット取引契約などの料金契約において、スマートメータが不可欠なインフラ設備となる。スマートメータの情報通信経路に対して、主に電力会社が検針に使用するものをAルート、HEMS機器とのやり取りに使うものをBルートと呼んで区別している。スマートハウス標準化検討委員会では、特にBルートについて検討を行っており、以下の4分野を標準化の対象として挙げている。

①電力会社などから提供されるデータフォーマットの統一。
②情報連携のための通信ミドルウェア（公知な標準インタフェース）の整理。
③HEMSと通信用に実装する通信機器（伝送メディア）の整理。
④セキュリティ、認証などに関する課題と対応。

　これを受け、HEMS機器の異なるメーカ間の相互接続、「見える化」や自動制御による節電・省エネルギーの実現を目的としたHEMSタスクフォースが設置され、HEMSにおけるホームゲートウェイ、コントローラと機器間の公知なインタフェースの標準化を行っている。さらに、スマートメータ情報とHEMSの連携による多様なサービスの創出を目的としてスマートメータタスクフォースが設置され、スマートメータとHEMSのインタフェースの標準化について検討を行っている。

　なお、公知な標準インタフェースについては、2011年12月16日の第2回スマートハウス標準化検討会において、ECHONET Liteを推奨することを決め、対応機器の認証制度を進めている。平成23年度エネルギー管理システム導入促進事業費補助金（HEMS導入事業）では、補助金対象機器の条件として、①見える化、②制御機能、③標準インタフェースの搭載を挙げており、②③に対してはECHONET Liteへの対応が必要となっている。以下では、ECHONETの概要について説明する。

　ECHONET規格では、表3-12に示すような家庭内のほとんどの機器（80

〔表3-12〕ECHONET機器オブジェクト

機器オブジェクト	例
セキュリティ関連機器	火災センサ、人体検知センサ、温度センサ、CO_2センサ、電流量センサ、etc.
空調関連機器	エアコン、扇風機、換気扇、空気清浄機、ホットカーペット、石油ファンヒータ、etc.
住宅関連機器	電動ブラインド、電動カーテン、温水器、電気錠、ホームエレベータ、ガスメータ、電力量計、etc.
調理・家事関連機器	電子レンジ、食器洗い機、食器乾燥機、洗濯機、衣類乾燥機、etc.
照明関連機器	一般照明、誘導灯、非常灯、etc.
業務関連機器	ビル、店舗用機器
健康管理関連機器	体重計、体脂肪計、体温計、血圧計

種類以上)をオブジェクト化し、共通化して扱うようになっている。またECHONETでは、ネットワーク対応部分(ECHONET Liteミドルウェア)部分を家電機器本体から分離し、家電機器の本体コストを一般家電機器と同等のレベルにまで抑制することができるようになっているとともに、ECHONET Liteミドルウェアを内蔵するアダプタを規定することで、必要に応じて家電機器のネットワーク化に対応している。このため、現状のネットワーク対応のスマート家電機器が抱えている家電機器側の負担が低減されるような規格となっている。ECHONET Liteミドルウェアアダプタとスマート家電機器の関係を図3-67に示す。ECHONETミドルウェアアダプタがOSIレイヤーの1〜6層までを分担するため、家電機器本体はアダプタを装着するだけでホームネットワークへ接続することが可能である。アダプタは家電機器から制御テーブルをダウンロードし、通信処理を実行する仕組みとなっている。

　ECHONET LiteのHEMSへの適用のユースケースとして、図3-68に示す太陽光発電と連係したヒートポンプ温水器の沸き増し制御による家庭内エネルギー消費最適化のシナリオについて述べる。このシナリオでは、まず電気温水器クラスのヒートポンプユニット定格消費電力をコントロ

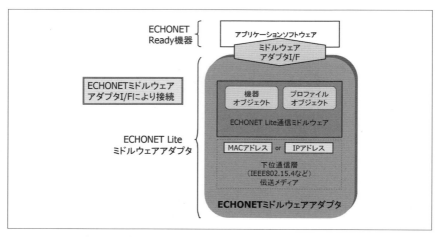

〔図3-67〕ECHONETミドルウェアアダプタの構成

ーラが確認する。そして太陽光発電のパワーコンディショナーが接続された分電盤メータリングクラスの計測チャネルから主幹電力および発電電力をコントローラが逐次監視し、太陽光発電の発電状況に応じて電気温水器クラスの沸き上げ自動設定により負荷を制御する。

　図3-69に示す太陽光発電の電力抑制のユースケースでは、太陽光発電を家庭内で最大限に活用し、かつ、系統全体の需要と供給のバランスを保つ。このシナリオでは、系統全体の負荷（電力需要）に比べて発電電力が多い場合に、需給バランスを保つために売電電力量を抑制するよ

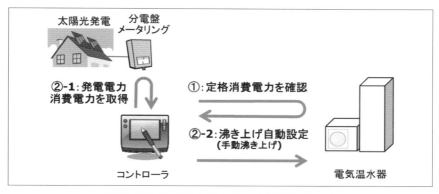

〔図3-68〕電気温水器クラスの活用シナリオ

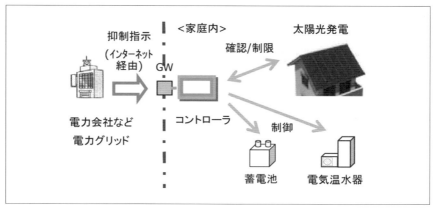

〔図3-69〕太陽光発電の電力抑制シナリオ

うに、電力会社などからインターネット経由で抑制指示が出される。これを受けたホームゲートウェイでは、コントローラが住宅用太陽光発電クラスに対して、瞬時発電電力計測値および積算発電電力量計測値を確認する。そして電気温水器クラスに対しては沸き上げ自動設定により負荷を制御する。同時に蓄電池クラスに対しては運転モード設定および充放電量指定により、充電電力を制御する。これによっても売電電力の抑制指示を満たすことができない場合には、さらに住宅用太陽光発電クラスに対してコントローラは発電電力制限設定1％、発電電力制限設定2Wおよび売電電力制限設定により発電電力の抑制を行う。

スマートハウスにおいては、HEMSのために太陽光発電、LED照明、無線電力伝送、GaN、SiCなどの高速スイッチングデバイスなど、種々の新規コンポーネントが導入される。これらのコンポーネントは従来想定されていなかった機器・用途のものが多く、一部のコンポーネントは、規格の整備、法規制が間に合わず、後手に回っている。特に太陽光発電やLED照明では、これらのコンポーネントの発生する電磁雑音の周波数は低いものの、配線に用いられるケーブルが長いために、これがアンテナ構造物となり、放射源として作用することが危惧されている。また小型軽量化および高効率化のために、コンバータ回路に使用されているパワーデバイスのスイッチング動作の高速化にともない、発生する電磁雑音も高周波数化している。一方で、通信に用いられる2.4GHz帯、5GHz帯、400/900MHz帯の周波数も、宅内ホームネットワークにおいてBluetooth、無線LAN、Bt、ZigBeeなどでの利用が拡大している。このため、スマートハウスにおいてはイントラEMCと呼ばれる自家中毒の懸念が拡大している。すなわち、以下のような課題がある。
①無線LAN同士の相互干渉や、家電機器から無線LANへの妨害波の影響。
②電力線通信を使用する場合の電力ネットワークと情報通信ネットワークの電磁干渉。
③パワーエレクトロニクス回路と情報通信回路の干渉。

①の情報通信ネットワーク機器の相互干渉では、特にISMの2.4GHz帯を用いた宅内での利用機器が急増していることが主な原因となってい

る。以前は電子レンジに使用されるだけであったが、1990年代からはRFIDやBluetooth、無線LAN、ZigBeeで使用されるようになった。図3-70は複数の無線LANが使用されている場合の電界強度の測定例である。このような状況では、無線LAN相互の電磁干渉により通信速度の低下や通信不可能といった問題が生じる。また、図3-71は電子レンジを使用した場合の電界強度の測定例であり、無線LANの周波数帯域にわたってレベルの高いノイズが観測されることがわかる。このように、スマートハウス内の家電機器からの広帯域妨害波ノイズと無線LANと

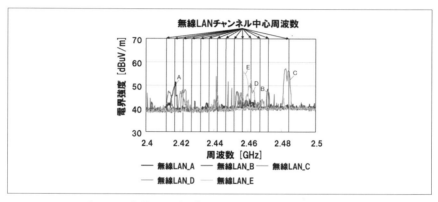

〔図3-70〕複数の無線LAN使用時のノイズ測定例

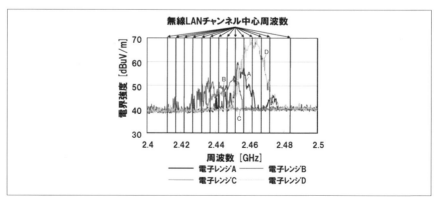

〔図3-71〕電子レンジからのノイズ測定例

の電磁干渉が生じることがあり、両者の協調を図ることが重要である。

②の情報通信ネットワークと電力ネットワークの干渉は、特にスマートハウス内の情報通信手段として電力線通信（PLC）を利用する場合に生じる問題となる。すなわち、VDSLなどの屋内通信線と電力線を近接して配置した場合に、電力線に重畳された高周波のPLCの信号により通信線に電磁雑音が誘導され、図3-72に示すスループットのように通信速度の低下となって現れる。このため、通信線と電力線の離隔を十分にとるといった対策が必要となる。

③のパワーエレクトロニクス回路と情報通信回路の干渉としては、LED照明や太陽光発電が挙げられる。LED照明は、省エネルギーとともに小型・軽量が特長となっている。電源線が100Vまたは200Vの交流であるのに対し、LEDは直流で点灯するため、交流・直流と電圧・電流の変換のためにスイッチングコンバータを用いた電源回路が必要である。しかしながら、白熱灯代替灯具では、従来の白熱灯の大きさに電源回路を内蔵することが要求され、小型化のために電源回路を高周波でスイッチング動作させなければならない。同時に発熱によるLEDの発光効率低下を避けるため、十分な放熱構造が必要であることから、ノイズフィル

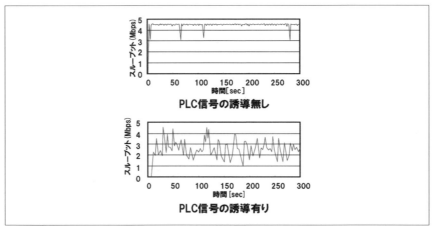

〔図3-72〕VDSLのスループット

タ部品実装に対する制約が非常に厳しい。従来はLED照明が電気用品安全法の対象外であったため、ノイズ対策が十分でない製品が多く見受けられた。新聞報道でも、2010年に東北地方において街路灯をLED電球に交換した際に、テレビ・ラジオの受信障害が生じたために、全数交換となった事件について報告されている。このような背景から、2012年7月にはLED照明が電気用品安全法の対象品目に指定されている。スマートハウスにおいても、LED照明の灯具から生じた電磁雑音が、屋根裏などの屋内配線に伝搬し放射される懸念があり、課題とされている。

太陽光発電も、LED照明と同様に、従来想定されていなかった新規コンポーネントである。太陽光発電に用いられているパワーコンディショナーは、インバータ回路のパルス幅変調等の制御により太陽電池パネルより得た直流を交流に変換している。パワーデバイスのスイッチング動作により生じる高周波数の電磁雑音は、ノイズフィルタなどにより除去するが、直流側のポートに対するノイズの測定規格がないといった問題がある。このため現在CISPRにおいて、直流ポートにおけるノイズの測定規格の策定が進められている。また、太陽光発電において、太陽電池パネルおよび配線ケーブルの設置状態は、個々の設置場所で大きく異なる。ノイズ源としてパワーコンディショナーの規制は可能であるが、ノイズの放射源となる配線ケーブルや太陽電池パネルとの共振といった現象ついては明らかにされていない。このためスマートハウスにおいても、どういった問題が生じるかを把握すること含めて解決していくことが必要となる。

以上のように、スマートハウスにおける応用事例として、HEMS機器に用いる情報通信機器とパワーエレクトロニクスを用いたスマート家電機器との関係をECHONETを例に挙げ説明した。また、スマートハウスにおいて課題となることが考えられる電磁環境問題について述べた。特にスマートハウスおける電磁環境問題については、新規コンポーネントが多数あるため、例に挙げたもの以外に生じることが十分に考え得るので注意が必要である。

2. スマートビル
2.1 はじめに

　スマートシティー・コミュニティー社会において、スマートビルは独立した存在ではなく、CEMS などの地域ネットワークの一部として、人々の豊かな生活を支える電気システムの一つになる。その社会を構築するには、安全で安心できるコンバータ技術が導入された電気設備を導入し、その電気設備が原因で障害や災害が起こらないように協調をとることが求められる。しかし新たな電気設備を導入したことが原因で、ビル内の電気設備の誤停止や誤印加などの障害が発生し[1]、その障害の発生により短絡や火災、感電災害などが発生することがある。

　図 3-73 のように、需要家（使用者）の地域ネットワークの電力を管理する CEMS のような大規模な電気システムにおいて、ビルから発生する異常信号は、地域内の障害や災害を引き起こす可能性がある。たとえば作業者の操作ミス、落雷で生じる雷サージ、電磁誘導や静電誘導が原因[2]で生じる誘導電圧が原因で、BEMS 端末が誤表示や誤出力することがある。ソフトおよびハードのエラーで生じる BEMS 端末の誤表示や誤出力は、人が電気設備の設計を行うために必ず生じるヒューマンエラー、障害や災害の発生の防止に関する検討不足が原因といえる。

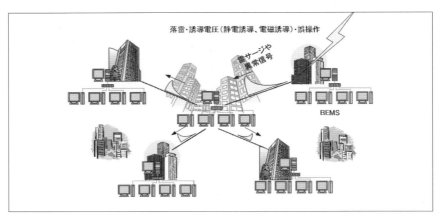

〔図 3-73〕スマートシティー・コミュニティー社会におけるスマートビルの位置づけ

スマートビル内の通信線や電気配線には、雷サージなどの過電圧による電子機器の故障や誤動作を防止するために、SPD（避雷器などの総称）を取り付けてあるが、SPDは数回雷サージなどを受けることでその機能を維持できなくなることが多い[3]。需要家は、SPDを設置していることで落雷対策は十分と考えていることがある。しかし雷サージを受けたSPDは、二回に一回の割合で壊れるという発表[4]もある。このように通信線に使用される保安器も含んだSPDは、簡単に壊れるデバイスであることを知ることが必要といえる。

　たとえば食洗機やアーク溶接機などを起動したときに生じる突入電流は、コンバータから生じるスイッチングノイズ以上に電子機器の故障や誤動作の原因となる。スマートビルは等電位ボンディング化されているため、突入電流が伝搬しやすくなり、電気設備の故障や誤動作が起こりやすい環境といえる。等電位ボンディングは、建物内外にいる人体を雷から保護することを目的としており、電子機器の故障や誤動作を防止することを最優先にはしていない。

　誘導電圧が原因で生じるBEMSとその周辺機器の故障や誤動作の問題は、今後ますますエレクトロニクス化が進み、動作電圧の低い電子デバイスが使用されるほど無視できない大きな問題となる。特に屋外に施設する太陽光発電設備や風力発電設備などは、落雷が原因で生じる雷サージが原因でコンバータや制御回路などが故障する事例が多く報告されている。想定外の誘導電圧は、まれに生じる電圧ではなく、たびたび生じると予見した上で電気設備を設計することが望ましい。

※1　CEMS：地域エネルギー管理システム（Community Energy Management System）
※2　SPD：サージ防護デバイス（Surge Protective Device）
※3　BEMS：ビルエネルギー管理システム（Building Energy Management System）

2.2 スマートビルにおける障害や災害の原因
2.2.1 雷サージ

　ビルは、鉄骨などの導体が電気的に接続され等電位化された構造物であるが、避雷針に落雷するとその雷サージ電流は各導体に分流する。その分流電流の大きさは、一般的な回路計算通りにはならないことが報告されている。またビル内に侵入する雷サージを防止するためにSPDが使用されているが、SPDは雷サージを受けると約50%[4]の確率で壊れる可能性があると発表がある。破損したSPDは導通状態になり、接地線あるいは接地導体から電源線に雷サージが侵入し、保護しているはずの電気設備に過電圧がかかることもある。また、SPDはなるべく保護する電気設備の近くに設置することが望ましいが、SPDを電気設備から離れたところに設置すると、過電圧が電気設備に印加される事例も報告されている。図3-74に表す通りSPDと電気設備（電子機器）間の距離と過電圧の関係に関する基礎的な検討は実施されているが、ビル内には隣接する配線による相互インダクタンスや静電容量の影響により、検討された結果とは異なる可能性もある。

2.2.2 電磁誘導

　図3-75のように、雷サージやスイッチング電流などが導体Aを流れることで、その導体の周囲には磁界（磁束）が発生し、その磁界が近くにある導体Bと鎖交することで、その導体に誘導電圧が生じる。導体Bに生じる誘導電圧は、その導体Bと鎖交する磁束の時間変化（$d\varphi/dt$）が大きくなるほど、大きな電圧になる。電流の時間変化（di/dt）が大きな雷サージやスイッチング電流は、近くにある導体に大きな誘導電圧（誘導電流）を発生させる原因になる。電磁誘導が原因で導体に誘導電圧が発生し、その誘導電圧が電子機器の故障や誤動作、感電災害を引き起こすことがある。

　たとえば、航空機内の電子機器の故障や誤動作の原因として、複数のケーブルを束ねることでケーブル間の距離が近くなり、ケーブルから発生する磁界が他のケーブルと鎖交することで、電子機器のソフトやハードのエラーが発生することがある。一般に航空機は落雷してもその機内

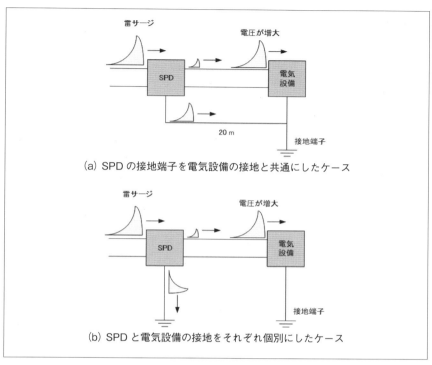

〔図3-74〕SPDの不適切な設置で生じる過電圧 [3]

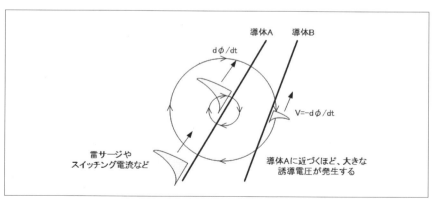

〔図3-75〕電磁誘導が原因で生じる誘導電圧

にいる乗客はファラデーケージ（導体）で覆われているのと同じで、感電することはない。しかし、落雷時にその周囲に発生する磁界の侵入を防止することは簡単ではないため、航空機内のケーブルに生じる誘導電圧が原因で電子機器が障害を引き起こすこともある。複数のケーブルを束ねると、見た目はスッキリするが、電磁誘導が原因で生じる誘導電圧は大きくなると考えたほうがよい。

　ビル内の通信線なども、ケーブルをまとめて敷設すると、電磁誘導による電気設備の障害が発生しやすくなる。一般的なビルは等電位ボンディングされており、その内部には電界がそれほど侵入することはないと考えられる。しかしビルの避雷針は必ずしもビルの中央に設置されているとは限らず、また避雷針に落雷するとビルの構造体を流れる雷サージで生じる構造物の電位分布は分布定数として見なす必要もあり、雷サージが伝搬しているときは構造物をすべて同電位と見なせなくなることもある。また構造物を雷サージが流れると、構造物の周囲に磁界が発生し、その磁界が原因でビル内のケーブルに誘導電圧が発生することがある。

2.2.3　静電誘導

　静電誘導は電磁誘導とは異なり、静電容量の結合によるキャパシタンスモデルで生じる誘導電圧が電気設備の誤動作の原因となる。導体間には静電容量が存在し、静電容量の比で浮遊電位の導体に生じる誘導電圧の大きさが決まる。しかし、静電誘導が原因で生じる誘導電圧は、キャパシタンスモデルの分圧比では解決できないこともある。

　人体はカーペットやタイルの上を歩くことで約 10kV かそれ以上の電圧に帯電し、その帯電による静電誘導が原因で電子機器内に誘導電圧が発生する。その誘導電圧は、電子機器の誤動作や故障の原因になる。BEMS 端末などパソコンのハードディスク内に使われる磁気センサは、数 V〜10V の電圧が生じるだけで読み取りや書き込みのエラーが生じることが知られている。電子機器は、このように動作電圧の低い電子部品や約 10V で故障する磁気センサが使用されており、静電誘導で生じる誘導電圧の問題は今後も無視できない大きな問題である。

　BEMS 端末のパソコンは、接地極付きの 3 ピンプラグをコンセントに

差し込むことで筐体アースをとることができるが、接地極を接続しないと筐体が浮遊電位になる。そのような筐体に帯電した人体が近づくと、筐体の電位が帯電物体の電圧の約60%の電圧[5]になる（人体の電圧が10kVとすると筐体の電位は6kVになる）こともある。帯電した人体が筐体に近づくと、筐体に生じる誘導電圧は、各導体間の静電容量が既知であれば、キャパシタンスモデルでその大きさを見積もることができる。しかし、次のような帯電した人体が筐体から遠ざかるときは、静電容量結合のキャパシタンスモデルの分圧比通りにはならない。

たとえば図3-76のように、帯電した人体が椅子に座ってBEMS端末のパソコンなどを操作し、その椅子から立ち上がり端末から遠ざかると、その端末の筐体は人体の電圧の約3倍の逆極性の誘導電圧が生じる可能性がある（図3-77参照）。逆極性の誘導電圧とは、帯電した人体の電圧を正極性（＋）とすると、筐体は負極性（－）の誘導電圧になることを意味している。帯電した人体が浮遊電位の筐体から遠ざかるとき、静電容量結合のキャパシタンスモデルの分圧比とは異なる、とても大きな誘導電圧が生じることがある。

〔図3-76〕静電誘導が原因で生じる誘導電圧
（帯電物体が電子機器から遠ざかったときに生じる逆極性の誘導電圧）

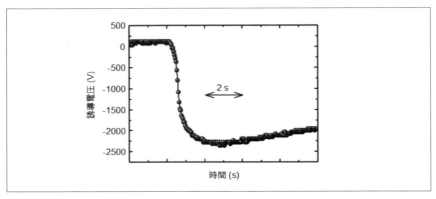

〔図 3-77〕帯電物体（700V）が金属筐体から遠ざかったときに筐体に生じる逆極性の誘導電圧

2.3 スマートビルにおける障害や災害の防止対策
2.3.1 雷サージ

　落雷が原因で生じる雷サージは、ビルや施設内の侵入経路を特定し、適切な SPD の設置により防止することは可能であるが、図面には載っていない経路から侵入することもある。電力機器など屋内外に設置される電気設備は、雷サージに関する試験を実施しているにも関わらず、雷サージが原因でたびたび故障が生じる。このように、電気設備は、雷サージに関する各種試験法が適用されているが、実際に生じる雷サージによる故障や誤動作を防止することはそれほど簡単ではない。したがって、ビル内の SPD などの雷サージ対策は、それで対策が十分と過信しないほうがよい。

　ビル内においては、SPD を適切な場所に適切な方法で取り付けることが、雷サージ対策の最良の方法といえる。図 3-74 のように、SPD を設置したにも関わらず、不適切な設置方法が原因で、電気設備に過電圧が印加され故障や誤動作を引き起こすことがある。図 3-78 に表すように、電気設備に侵入する雷サージは SPD 側の接地と共通にすることで過電圧の侵入を防止することが可能になる。

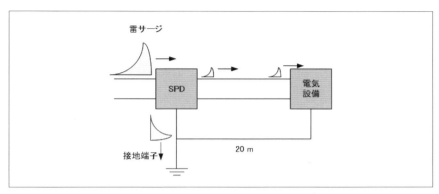

〔図 3-78〕SPD の適切な設置方法 [3]

2.3.2 電磁誘導

　磁界の強さは距離に反比例するため、異なる信号線間の距離を遠ざけるほど、電磁誘導が原因で生じる誘導電圧が小さくなる。電磁誘導は、主に磁界と誘導電圧（誘導電流）の相互作用のため、スイッチング電流などの電磁誘導が原因で生じる誘導電圧を防止するには、導体と鎖交する磁界の発生と侵入を防ぐ必要がある。電磁誘導が原因で生じる誘導電圧を低減するには、次のような対策が挙げられる。

①異なる信号線（導体）間の距離を遠ざける。
②信号線間に比透磁率の高い材料を配置し、他の導体と鎖交する磁束を低減させる。
③同軸ケーブルを使用するなど。

2.3.3 静電誘導

　静電誘導が原因で生じる誘導電圧は、各導体間の静電容量が既知であれば、静電容量結合のキャパシタンスモデルの分圧比からその大きさを見積もることができるが、分圧比通りの大きさにならないこともある。図 3-77 で説明したように、静電誘導により帯電物体の電圧よりもとても大きく逆極性の誘導電圧が浮遊電位の導体に生じることがある。静電誘導が原因で生じる誘導電圧は、帯電した物体から生じる電界をシールド用の導体で遮蔽することで防ぐことができるが、開口部が大きくなる

とその遮蔽効果が低下する[6]。そのシールド用の導体は、接地しなければ遮蔽の効果はない。

2.4 まとめ

スマートシティー・コミュニティー社会では、ビルはCEMSなどの地域ネットワークの一部になり、障害や災害の原因とならない電気設備の使用がますます求められる。また一つの電気設備で生じる障害や災害が原因で地域ネットワーク全体へ波及しないように、ビルごとの協調をとる必要がある。地域ネットワークが広がるにつれて、ビル内のBEMSなどの電気設備で生じるソフトやハードのエラーは無視できない大きな障害や災害につながる可能性がある。

特に雷サージや電磁誘導・静電誘導が原因で生じる誘導電圧の問題は、これまでに多くの調査や研究が行われ、防止対策が実施されてきたにも関わらず、現在も多くの障害や災害事例が報告されている。その理由として、防止対策が徹底されていないこと、またその対策では十分ではないことも考えられる。たとえば、電気設備の雷サージ対策を実施したにも関わらず故障する原因としては、試験法で規定した水準を超える想定外の過電圧・過電流が生じていると考えることができる。

一般に需要家は、防止対策を過信していることもあり、たとえば、防止対策を実施しているから障害や災害が起こるはずはないと誤解していることもある。適切な場所に適切な方法で取り付けないと、その防止対策の効果がなくなることもある。壊れたSPDなどの使用が原因で、障害や災害を引き起こすこともある。

CEMSのように広域ネットワーク化されると、ビル内のBEMSのソフトやハードの小さなエラーが大規模な波及障害や災害につながる可能性もあるため、想定外を予見した電気設備の設計を行うことが求められる。このためには、新しい規格や基準の策定だけでなく、まれに発生する過電圧が原因で生じる障害や災害を防止するための各種規格や基準の見直しを行うことも必要といえる。

参考文献

1) ビル・工場電気設備の安全と災害防止調査専門委員会編：「ビル・工場電気設備での障害・災害と未然防止策」, 電気学会技術報告第1225号, 2011年.
2) 藤原修他：「スマートシティの電磁環境対策」, S&T出版, 2012年.
3) 電気・電子機器の雷保護検討委員会編：「電気・電子機器の雷保護－ICT社会をささえる－」, 電気設備学会, 2011年.
4) 柳川俊一：「無線鉄塔設備に対する雷害対策」, 安全工学シンポジウム2013, pp.176-179, 2013年.
5) Norimitsu Ichikawa, Isaku Yamakawa,: "Validity of measurement and calculation on electrostatically induced voltage of ungrounded metal box generated by moving charged body", 2013 Annual Meeting of the Electrostatic Society of America, Florida (2013. 6), No. H3, pp.1-9.
6) 市川紀充：「金属筐体開口部に取り付けたシールド導体による静電誘導電圧の低減効果」, 電気設備学会誌, Vol.31, No.10, pp.813-820, 2011年.

3．電気自動車（EV）用充電器
3．1　はしがき

　地球温暖化防止のための低炭素化社会の実現が叫ばれてから久しい。電気自動車（EV）はCO_2削減による地球温暖化防止や排ガス低減による環境保全などに期待できる。1970年代、オイルショックによる石油資源依存の懸念や、排気ガスによる大気汚染の解決策として、通商産業省主導の電気自動車研究開発プロジェクトのもと、ほとんどの自動車メーカーがEVを開発した。1980年代後半から1990年代にかけ、CARB（カリフォルニア大気資源局）のゼロエミッション規制構想が出され、ニッケル水素電池など技術進歩もあり、トヨタ自動車のRAV4EV、本田技研工業のEV-PLUSなどが販売された。2006年6月の、東京電力による、CO_2削減と燃費削減などの目的で社用車に電気自動車（EV）を導入するとのプレスリリースの後、リチウムイオンバッテリの進化と併せてEV

は堅調に普及してきた。三菱自動車の iMiEV や日産自動車のリーフなど、一般の乗用車のほか、1人乗りや2人乗りの市街用小型 EV や EV バスなども出現している。トヨタ自動車のプリウス PHV や本田技研工業のアコードプラグインハイブリッド、三菱自動車のアウトランダー PHEV などのプラグインハイブリッド車もある。

EV は近距離走行に対しては自宅での充電で足りるが、1回の充電で走行可能な距離を越える遠距離走行には、走行途中での追加充電が必要となる。EV の普及に併せ、普通充電器、急速充電器などのインフラ整備も進められてきた。CHAdeMO 急速充電器は 2015 年 5 月 31 日現在、全国で 5418 か所に設置されている[1]。

ここでは各種充電器に関して、主に主回路について紹介する。

3.2　急速充電

3.2.1　CHAdeMO 仕様[1]

CHAdeMO 協議会は、「すべての車両にとって最適な急速充電が可能な CHAdeMO プロトコル方式の普及を図ると共に国際標準化を目指した活動を行う」として 2010 年に設立された。CHAdeMO とは、「CHArge de Move：動くためのチャージ」、「de：電気」、「クルマの充電中にお茶でもいかがですか」の意味を含んでいる。

図 3-79 に CHAdeMO 仕様の概念を示す[2]。急速充電システムは、EV がマスターで急速充電器がスレーブの関係にあり、EV から指示送信があり、急速充電器がその指示を受信し、EV の指示の通りに動作する。急速充電器から EV に動作ステータス（充電制御開始、絶縁診断完了な

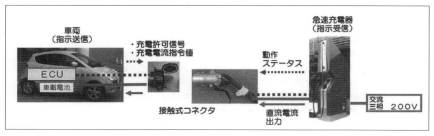

〔図 3-79〕CHAdeMO 仕様の概念[2]

ど）を送信する。EV は ECU（Electronic Control Unit）で搭載バッテリの状態を常に監視しており、搭載バッテリの状態に応じた充電電流値（バッテリの過充電や急速充電による劣化を考慮）を算出し、急速充電器が出力可能な範囲内で、充電電流指令値を急速充電器に送信する。急速充電器は、受信した指令値の電流を EV に充電する。EV からの充電完了通知か、指定の時間に達したか、急速充電器のストップボタンかで充電が終了する。EV と急速充電器との通信プロトコルは、車載用通信ネットワークとして使用されている CAN 通信が採用されている。

急速充電器は、大電流高電圧を扱うため、信号通信の二重化による誤動作防止、充電コネクタロック機能、漏電時の緊急電流遮断機構などの安全対策が講じられている。

CHAdeMO 仕様は EV と急速充電器の間のインターフェースのみを規定しており、その他の認証や課金などはオプションとして自由に拡張できる。

3.2.2 急速充電器

図 3-80[3] に CHAdeMO 仕様の主回路の基本構成を示す。入力は三相 AC（単相 AC の入力の場合もある）で、AC/DC コンバータ、DC/AC インバータ、絶縁トランス、整流器から構成されている。図示はしていないが、限流ヒューズ、逆流防止ダイオード、地絡検出器も付加されている。

上記 CHAdeMO 仕様に準拠した主回路として、① AC/DC コンバータには IGBT を採用し力率改善を図っている例、入力側整流器と PFC で力率を改善している例、② DC/AC インバータにも IGBT を採用、インバ

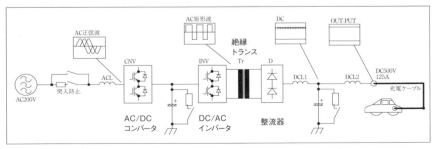

〔図 3-80〕CHAdeMO 仕様　主回路基本構成[3]

ータの出力周波数は一般的に10数kHz～20数kHzで絶縁トランスの小型軽量化を図っている例、③整流器には高速ダイオード（Siソフトリカバリータイプや SiC ショットキーダイオード）を採用している例がある。CHAdeMO 準拠の充電器の仕様例を表3-13に示す。

充電パターン例を図3-81に示す。充電器は、充電前に地絡検出のために最大で500Vが印加される（10secのポイントで電圧が印加されている）。充電スタート時（20secのポイント）のSOC（State Of Charge）は約10％で、そのときの電圧は約300Vである。その後、EVから充電電流指令値（この例では、20sec～90sec：120A、90sec～455sec：80A、455sec以降は70A、60A、55Aと徐々に減少している。これはEVに搭載されているリチウムイオンバッテリの過充電や過昇温に対する保護を

〔表3-13〕CHAdeMO準拠急速充電器仕様[3]

入力電圧	3相200V±15％
出力電力	50kW
最大出力電圧	500V
最大出力電流	125A
効率	90％以上
力率	0.9以上

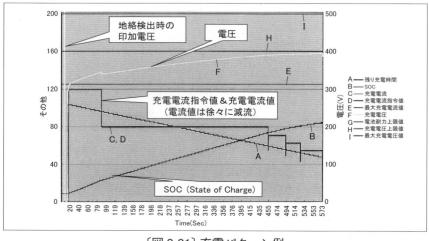

〔図3-81〕充電パターン例

し劣化を抑制するためである）を受け、その電流値でEVを充電している。充電電流指令値と充電電流値は重なっており、指定値通りの電流で充電していることがわかる。充電終了時のSOCは80％で、電圧は390Vである。

　小容量の充電ユニットを複数個接続した急速充電器もある。ユニットの主回路は、入力側整流器、PFC、DC/ACインバータ、絶縁トランス、出力側整流器から構成されている。装置の外観を

図3-82に示す[4]。出力は44kW（最大電圧：500V、最大電流：110A）である。サイズは、幅：700mm、奥行き：790mm、高さ：1850mmである。

　上記のほか、マトリックスコンバータを採用した例もある[5]。

3.3　EVバス充電
3.3.1　概要

　EVバスも、国内外の様々なところで公道実証試験が行われており、すでに路線バスとして運行されている例もある。充電方式は、上記50kWクラスの急速充電器を単体あるいは複数台使用しての充電、パンタグラフ方式で停留所での数分間超急速充電、ワイヤレス充電などいろいろある。ここでは、平成24年度〜26年度の環境省地球温暖化対策技術開発・実証研究事業で開発した160kWクラスの超急速充電とワイヤレス充電について紹介する。

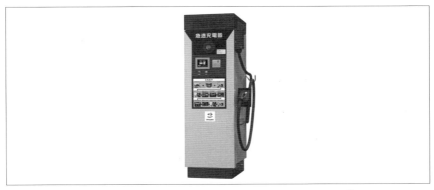

〔図3-82〕急速充電器 QC03-3P3W-EN の外観図[4]

3.3.2 超急速充電器

商用電源から充電された大容量のリチウムイオンバッテリバンクからの電力を入力とするDC入力の超高速充電器の充電ユニット回路例を図3-83に示す。

チョッパ、DC/ACインバータ、絶縁トランス、整流器から構成されている。チョッパ部で電圧を調整後、DC/ACインバータで高周波にしている。このユニットを並列接続して出力160kW（最大電圧：500V、最大電流：400A）の超急速充電器を形成している[6]。充電コネクタは400A用の大型コネクタである。装置の外観を図3-84に示す。サイズは、幅：2100mm、奥行き：820mm、高さ：2000mmである。

3.3.3 ワイヤレス充電

充電コネクタの接続作業が不要となるワイヤレス充電方式がある[7]。主回路の一例を図3-85に示す。主回路は、AC/DCコンバータ、DC/AC

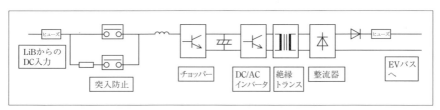

〔図3-83〕超急速充電器の充電ユニット例

〔図3-84〕160kW 超急速充電器の外観

インバータ、共振用コンデンサ、送電コイル、充電コイル、整流器からなる。DC/AC インバータの周波数は 30kHz で出力は地表に埋め込まれた送電コイルに接続されている。共振用のコンデンサも送電コイルに接続されている。受電コイルと整流器は EV バスに搭載される。充電器と EV バスは無線通信で信号の送受信が行われる。地表に埋め込まれた送電コイルと EV バスに搭載された受電コイルとの平面方向と高さ方向の位置合わせが重要である。出力電力:50kW、力率:0.95 以上、総合効率:90% 以上である。

3.4 普通充電
3.4.1 車載充電器

普通充電の充電器は車に搭載されている。AC100V あるいは単相 AC200V の入力を DC に変換してバッテリを充電する。出力電力が三菱自動車 i-MiEV で約 3kW(搭載リチウムイオンバッテリ容量は 16kWh)、日産自動車リーフで 3kW 強(搭載リチウムイオンバッテリ容量は 24kWh)と、急速充電器の出力電力の 1/10 以下である。

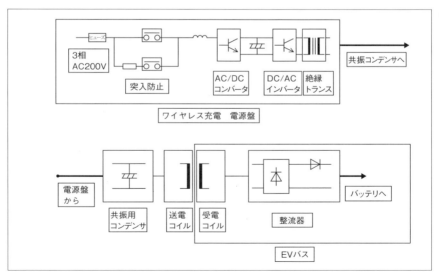

〔図 3-85〕ワイヤレス充電の主回路例

3.4.2　普通充電器

　普通充電は、AC100V あるいは単相 AC200V から充電するので、家庭でコンセントから充電できる。EV に付属の充電ケーブルを使用し、電源プラグを充電用コンセントに、充電用コネクタを EV の充電口に接続して充電する。制御回路のない（電力供給のみ、EV 側で制御）の充電ケーブルでの充電（Mode1）と制御回路内蔵の充電ケーブルでの充電（Mode2）がある。

　集合住宅、公共施設、商業施設など、複数の需要家対応として、充電器本体に充電ケーブルを装備し、充電器側に制御回路が内蔵された Mode3 型普通充電器がある。この場合は、充電器の充電コネクタを差し込んで充電する（EV に付属の充電ケーブルは不要）。暗証番号や IC カードなどでの認証機能を有する機種があり、安全性や課金などに活用されている。

3.4.3　プラグインハイブリッド車（PHV）充電

　プラグインハイブリッド車（PHV）への普通充電は EV への普通充電と同様である。トヨタ自動車プリウス PHV の搭載リチウムイオンバッテリ容量は 5.2kWh であり、出力電力も小さくなる。なお、三菱自動車のアウトランダー PHEV は急速充電にも対応している。

3.5　Vehicle to Home（V2H）

　停電時対応や電力需要ピークカット・シフトなどの目的で、EV 搭載のバッテリの電力を利用して直流から商用周波交流に変換して、EV から家庭に電力を供給する Vehicle to Home（V2H）システムがある。

　車両内にコンセントが設置されているケース、普通充電コネクタから AC が出力されるケース、急速充電コネクタから DC が出力され AC に変換するケースがある。DC が出力される場合のシステム構成例を図 3-86 に示す。充放電器を電源側に接続した場合は双方向コンバータで車載バッテリを充電し、負荷側に接続した場合は双方向コンバータで負荷側に放電する。

3.6　まとめ

　EV 用の急速充電器、普通充電器に関して、主に主回路について紹介した。EV は地球温暖化防止や環境保全などの観点から今後も堅調に伸張していくと思われる。これに併せ、普通充電器、急速充電器のインフ

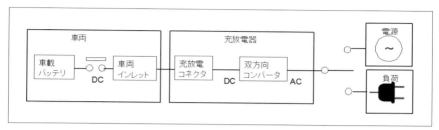

〔図3-86〕DCが出力される場合のV2H構成例

ラ整備が今後も進められていくであろう。普通充電器、急速充電器は、インフラ整備拡充と同時に、新パワーデバイスや最新のパワエレ技術を活用し、さらに高効率化・高性能化していくことが期待される。

参考文献

1) CHAdeMO協議会ホームページ：
 http://www.chademo.com/wp/japan/
2) CHAdeMO協議会：「電気自動車用急速充電器の設置・運用に関する手引書」2014年3月, Rev.3.3, p.4, 2014.
3) 松田秀雄：「電気自動車用急速充電器」：電気学会研究会資料 自動車研究会 VT-10-009, pp.1-3, 2010.
4) ハセテックホームページ：
 http://www.hasetec.co.jp/product/batterycharger/index.html
5) Car Watch：「日産、従来の半額で小型のEV用急速充電器」（2011年9月13日付け記事）
 http://car.watch.impress.co.jp/docs/news/20110913_477031.html
6) 国立国会図書館蔵書 図書 東芝2013「EVバス早期普及に向けた長寿命電池による5分間充電運行と電池リユースの実証研究成果報告書：平成24年度地球温暖化対策技術開発・実証研究事業」
 http://iss.ndl.go.jp
7) 昭和飛行機工業ホームページ：
 http://www.showa-aircraft.co.jp/business/products/kyuuden/

4. PV 用の PCS
4.1 要求される機能と性能

太陽光発電システムを系統に連系するために直流を交流に変換するインバータは PCS（Power Conditioning System）と呼ばれる。PCS に求められる機能として以下がある。
(1) インバータ機能：直流電力を交流電力に変換
(2) 最大出力点追従制御（MPPT：Maximum Power Point Tracking 制御機能）
(3) 自立運転機能：系統停電時の通常運転
(4) FRT（Fault Ride Through）機能：系統事故時の運転継続
(5) 保護機能：系統過電圧、系統不足電圧、周波数低下、周波数上昇、単独運転検出

また、求められる性能として以下が考えられる。
(1) 広範な直流入力電圧範囲対応：たとえば 100～600V、250V 以上で定格出力運転
(2) 高効率パワー変換：特に太陽光発電電力発生頻度の高い領域での高効率
(3) 高品質な発電電力：定電圧・定電力、低高調波電流・低 EMC ノイズ
(4) 高信頼性・長寿命

図 3-87 に PCS の基本構成を示す。太陽電池から最大出力を取り出すために直流電圧を変化させて太陽電池の最大出力点を求める MPPT 制御機能を持った DC/DC コンバータ（DC チョッパー）と、DC を AC に変換するインバータおよび制御・保護装置から主に構成される。大規模太陽光発電システムでは、多くの太陽電池が直並列接続されてアレイが構成される。いくつかのアレイやストリングが並列接続されて DC/DC コンバータに接続され、アレイまたはストリングから最大出力点をコンバータの電圧を制御して求める[1]。並列接続されたアレイやストリングが少ない場合は、DC/DC コンバータを省き、インバータで最大出力点制御を行うこともできる。インバータは家庭用に使われる小容量のものは単相 3 線式インバータ、産業用など大容量のものは三相 3 線式のインバータが使われる。制御・保護装置は運転・停止などの入力信号をもとに

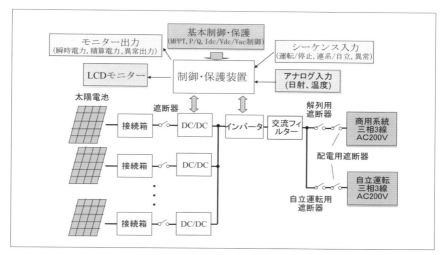

〔図3-87〕PCSの基本構成

MPPT制御、電圧・電流制御などの基本制御保護を行うほか、電力や異常情報などの出力と信号表示を行う。20kW以下の太陽光発電システムでは事故などにより系統の電圧がなくなった場合に太陽光発電システムを系統から切り離すことが必要であり、そのときに自立運転を行う機能を備えておくニーズがある。電圧型の自励式変換器で構成されるPCSは自立運転機能があり、自立運転を行うため、解列用と自立運転用の開閉装置が設けられたものがある。以下具体的なPCS回路を見てみる。

4.2 単相3線式PCS

小容量でも単相で使用されることは少なく三相3線式が一般的である。図3-88に、電圧型の三相3線式PCSの基本回路を示すが、単相運転を行う場合は中性線が不要となるだけで構成は変わらない。したがって、説明も一般的な三相を出力する場合について行う。太陽電池からDC/DCコンバータ（昇圧用DCチョッパー）を介してインバータを構成するIGBTのブリッジ回路につながる。DCチョッパーの出力はコンデンサの中点で接地され、電源の接地点につながっている。DCチョッパーではスイッチSWをオン・オフすることによって入力のコンデンサ C_{CH}

の電圧を太陽電池の最大出力となる電圧に制御する（MPPT制御）。インバータでは直列接続されたIGBTで120°位相の異なったR相とT相の相電圧を作成し、その線間電圧をとることによってR、S、Tの三相電圧を作ることができる。この動作を図3-89から図3-91を用いて説明する。

図3-89（a）に、R相電圧の作成方法を示す。インバータの直列接続された左側のIGBTをオン・オフすることにより、上側で正側電圧、下側で負側の電圧を作る。同様に120°位相の遅れたT相電圧を直列接続された右側のIGBTをオン・オフすることによって作る。（b）に電圧のベ

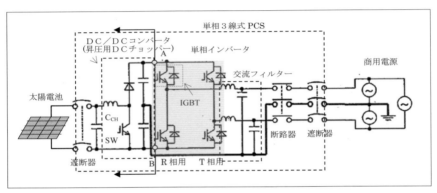

〔図3-88〕単相3線式PCSの基本回路

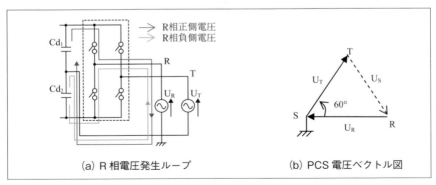

(a) R相電圧発生ループ　　　(b) PCS電圧ベクトル図

〔図3-89〕単相3線式PCSの動作説明図

クトル図を示す。S相はR相とT相の線間電圧をとることにより$\sqrt{3}$倍の振幅を持ち、R相より120°進みT相より120°遅れた位相の電圧を得ることができる。

図3-90にR相の電圧と電流の波形を示す。電圧と電流の位相の関係から、①～④の四つのモードがある。①は電圧と電流が正の区間、②は電圧が負で電流が正の区間、③は電圧が負で電流も負の区間、④は電圧が正で電流が負の区間である。図3-91にR相の各モードにおける電流の流れを示す。①のモードでは上側IGBTのバイポーラトランジスタをオンさせることによってコンデンサC_{d1}の電荷が放電する。②では下側IGBTのダイオード介して電源から電流が流されコンデンサC_{d2}を充電する。③では下側IGBTのバイポーラトランジスタをオンさせることによってコンデンサC_{d2}の電荷が放電する。④では上側IGBTのダイオードを介して電源から電流が流されコンデンサC_{d1}を充電する。なお、

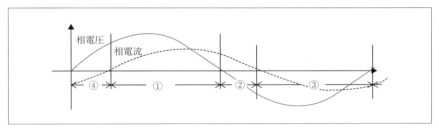

〔図3-90〕電圧と電流波形

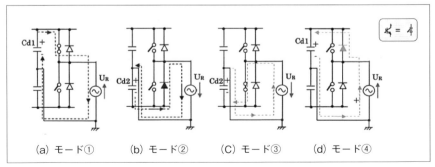

〔図3-91〕各モードにおける電流の流れるルート

IGBTのオン・オフはインバータの出力電流を正弦波に近づけるために正弦波PWM（Pulse Width Modulation）方式が使用される。以下に正弦波PWM方式のパルス作成方法の例を概説する。

図3-92に、インバータから出力したい電圧波形の相似波形である変調波信号と例として信号の7倍の周波数の三角波（搬送波、キャリア）信号とを比較して作られるPWM信号（IGBTのオン・オフ信号）の作成方法（サブハーモニクス変調方式）を示す。一般に搬送波は変調波信号の（商用）周波数の奇数倍の周波数と一定の振幅を持った三角波である。変調波信号は商用周波数で、PCS制御・保護回路によって作られる制御された振幅と位相を持つ信号である。PWM信号は変調波の振幅が搬送波の振幅より大きいときはインバータの上側のIGBT、これとは逆の時は下側のIGBTをオンするパルス信号である。他相のIGBTのオンパルス信号は同じキャリアを使い120°位相した変調波信号との交点から同様に作られる。PCS出力の電圧波形はIGBTの上側のオンパルス信号波形から下側のオンパルス信号波形を引いた波形と相似となるが、電流波形は高調波を含んだ近似正弦波となる。このため、インバータの出力には高調波を吸収する交流フィルターが設置される。

一般にキャリア周波数は、商用周波数の奇数倍の周波数が使われ、周波数が高いほど発生する高調波の基本波は高い周波数に移り、必要なフ

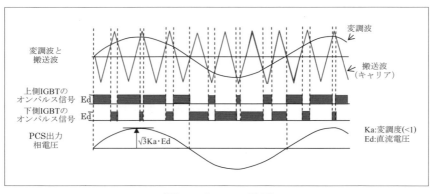

〔図3-92〕PWM波形

ィルター容量を小さくできる。しかし IGBT のスイッチング能力からスイッチング周波数は制約を受ける。一般に可聴周波数ノイズの発生を避けるために小容量の PCS では 14～20kHz のキャリア周波数が使用され、大容量機では 4kHz 程度が使用されている。

発生する高調波は PWM 波形をフーリエ展開することによって求められる。これより基本波の振幅は次式で表される。

$$\text{PWM変調時の基本波成分の振幅} \quad V_1 = \sqrt{3} Ka \cdot Ed \quad \cdots \quad (3\text{-}1)$$

ここに、Ka:変調度(変調波振幅／三角波振幅)(<1)、Ed:直流電圧である。

太陽光発電システムが多くのアレイから構成され、DC/DC コンバータが多数インバータに接続される場合は、図 3-88 の DC/DC コンバータの出力端子 A、B に DC/DC コンバータを並列接続する。

系統と絶縁を取るものでは電源部が三相変圧器を介して商用系統に接続され構成となり、変圧器のインピーダンスロスが加味されることになるので、商用系統との連系点の出力部で太陽光発電出力が 3～5% 低下する。

標準的な PCS の仕様例を表 3-14 に示す。

4.3 PCS の制御・保護回路

図 3-93 に、制御・保護回路の一例を示す。太陽電池の最大出力点追従

〔表 3-14〕PCS 仕様例

容量(kW)		10	100
方式	回路方式	単相3線式	三相3線式
	インバータ方式	電圧型・電流制御	電圧型・電流制御
	スイッチング方式	正弦波PWM	正弦波PWM
	絶縁方式	トランスレス非絶縁	商用周波絶縁トランス
直流入力	定格電圧(V)	250	300
	最大許容入力電圧(V)	600	600
	MPPT制御範囲 (V)	150～550	250～450
交流出力	定格電圧(V)、(Hz)	202、50/60	200/210/380/415/420、50/60
	電流歪率	総合5%、各次3%	総合5%、各次3%
	効率(%)	94.5	94

制御（MPPT 制御）を行う DC/DC コンバータは、直流電圧と直流電流から電力を求め、チョッパーの変調比制御を行うことによって直流電圧を変え、電圧をスキャンすることによって太陽電池の最大出力点を見つけ電圧指令値とする。PCS は電圧型で運転されるのが一般的であり、交流系統事故時の過電流保護を行うため高速の電流制御が要求される。これは PCS が電圧源であるため、系統で地絡事故などが起こると地絡点のインピーダンスに応じて大きな事故電流が流れるために過電流から PCS を守るためである。高速な応答を得るため交流の瞬時電圧と瞬時電流を dq 変換して有効成分（d 軸成分）と無効成分（q 軸成分）に分けてベクトル制御を行う。d 軸は直流電圧を q 軸は交流電圧または無効電力を指定された値に制御する。直流電圧制御では太陽光出力が大きくなり、DC/DC コンバータの出力のコンデンサ電圧（インバータ入力の直流電圧）が高くなるとインバータ出力の交流電圧位相を進ませ、有効電力出力を増加し直流電圧を下げる。一方、低くなると、位相を遅らせて出力を減少させることによって直流電圧を一定の値に保つ動作をする。この動作により、自動的に PCS から太陽光発電設備の最大発電出力が出力される。無効電力制御ではインバータの出力電圧の振幅を変えてインバータの力率を 1 に、または無効電力を指定の値に制御する、さらには任意の無効電力を出力して送電線の電圧を一定値に保つ動作も行える。高

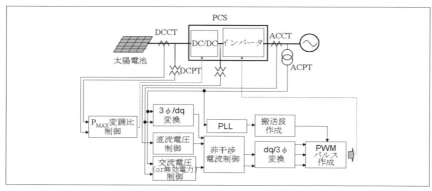

〔図 3-93〕PCS の制御回路例

速の電流制御を行うためマイナーには非干渉電流制御を設けている。直流電圧制御回路の出力がd軸電流制御回路の指令値、交流電圧または無効電力制御回路の出力がq軸電流制御回路の指令値となる。dq二軸の電流制御回路の出力に交流電圧のdq変換信号を加算し、得られた電圧指令信号を三相変換して変調信号とする。PLL（Phase Locked Loop）回路は交流電圧から電圧の角周波数 ω_s と位相を求めキャリア信号作成時の基準信号とする。作成されたキャリア信号と変調波信号との比較によりIGBTのPWMパルスを作成する。

4.4　三相3線式PCS

電圧型三相3線式PCSの基本回路を図3-94に示す。DC/DCコンバータ出力部（インバータ入力部）のコンデンサの中性点が接地されないのと、インバータ部が三相フルブリッジで構成され、交流フィルターが三相構成となっているほかは、図3-88に示した三相3線式PCSと同じ構成である。U、V、Wの三相商用系統では地絡事故の検出と電圧の基準点を定めるためにV相が接地されている。非絶縁型のPCSを使用した太陽光発電システムでは、したがってシステムの主回路に誤って触れると地絡事故となり大きな電流が流れる。このため一般に商用電源部に変圧器をつないで絶縁を取っている。大容量PCSでDC/DCコンバータを複数接続する場合には図3-88で述べたと同様に、DC/DCコンバータ出

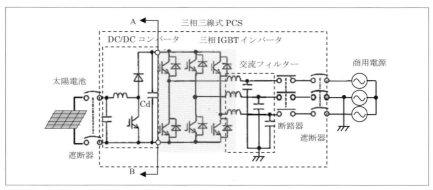

〔図3-94〕三相3線式PCSの基本回路

力部のA、Bで並列接続する。制御・保護回路は信号が単相から三相に変わるのみで図3-93で述べたのと同様である。

4.5 FRT機能

一般家庭用の小容量のPCSでは、安全上や系統安定運用の点から、系統事故時に系統電圧がなくなると太陽光発電システムを系統から切り離すことが要求されているが、産業用など大規模の太陽光発電システムでは、系統事故時にも運転継続する（FRT（Fault Ride Through）機能を持つ）ことが検討されている。FRT機能は各国によって異なっている。図3-95に分散型発電システムで検討されている米国、イギリス、スペインおよび日本におけるグリッドコード（系統連系要件）を示す。NEDOメガソーラープロジェクトでは系統電圧が60%以上、200msの事故に対して運転継続することをPCS仕様として決定し実証試験を行った（図中濃い斜線部分）[2]。わが国のグリッドコードとしては系統残電圧20%以上、1秒以下の事故（図中薄い斜線部分）に対して運転継続することが検討されている。系統事故時に運転継続するためには、過電圧や過電流によってPCSが停止することなく運転する必要があり、過電流や過電圧発生を防止するために瞬時々々の系統基本波電圧の振幅と位相、電流検出値に応答して高速な電圧・電流制御を行う制御系を構築

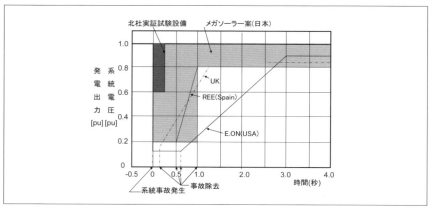

〔図3-95〕各国のFRTに関するグリッドコード

することが重要となる。

4.6 PCSの高効率化

4.1節に述べたように、太陽光発電システムでは、発電電力を特に高効率で交流に変換することが要求される。PCSは、直流を交流に変換するために高周波のスイッチングによって損失が生じ、効率が低下する。PCSで高調波電流の発生の少ない疑似正弦波を出力する方法として、4.2節に述べたように、PWM制御する方法がとられている。PWMのキャリア周波数を高くすることにより、より波形を正弦波に近づけることができるが、周波数に比例してインバータを構成するIGBTのスイッチングロスが大きくなる。スイッチングロスを低減し、電圧波形を正弦波に近づける方法として階調制御インバータ方式PCSが開発され実用化されている[3]。主回路構成と出力電圧波形を図3-96に示す。主回路（a）はDC/DCコンバータおよび3台のインバータから構成されている。3台のインバータごとの出力波形と総合した出力電圧波形は、（b）に示すように、高い直流電圧のB1INVはパルス状の波形を出力し、スイッチング回数を少なくして損失を低減している。低い直流電圧のB2INVとB3INVは、PCSの出力電圧が疑似正弦波となるように補正する波形をPWM制御によって出力している。出力波形が疑似正弦波であるため、交流フィルター容量を小さくすることができ、また損失を低減することができる。さらに直流電圧が小さいところでスイッチングを行うためにリアクトルの騒音を減らすことができるメリットがある。図3-97に階

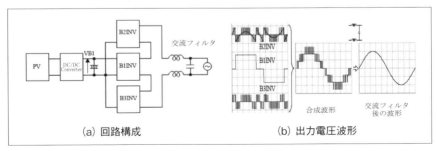

〔図3-96〕階調制御PC

調制御インバータ方式 PCS の文献[3]に記載されている効率測定結果を示す。出力の 25% から 100%（4kW）までの広範囲にわたって 97.5% 以上の効率を出しており、最大効率は出力 50% 付近で 98.1% である。従来の PCS に比べて 3% 以上高効率化が図られている。ただ、構成や制御が複雑で、スイッチングデバイスを多く必要とする。

4.7　PCS の接地

図 3-88 の単相 3 線 PCS および図 3-94 の三相 3 線式 PCS の基本回路に示すように、商用系統の低圧側では、電圧の基準点を固定するため、および地絡事故の検出を行うために、商用電源線の 1 線が接地されている。一方、太陽電池システムは、太陽電池の架台が接地されているので、太陽電池モジュールとの間に浮遊容量が存在し、変圧器で商用系統と絶縁をとらない非絶縁方式の太陽光発電システムでは、図 3-98 に示すよう

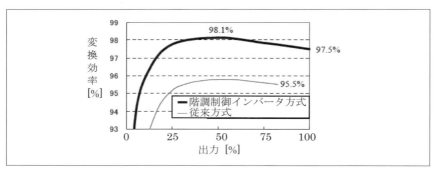

〔図 3-97〕階調制御 PCS の測定効率の比較

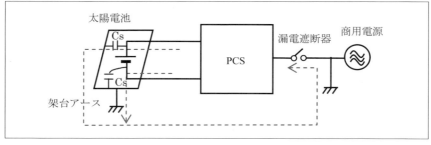

〔図 3-98〕浮遊容量を介した高周波ノイズ還流ループ

に交流に対して閉ループが形成される。このためPCSからコモンモード電圧が印加されると漏洩電流（スイッチングに伴う高周波電流）が閉ループに流れる。漏洩電流はPCSの直流電圧や浮遊容量が大きいと大きくなり、電流が漏電遮断器の設定レベルを超えると動作して遮断器を開放する。漏洩電流による遮断器の誤動作を防ぐためには漏電遮断器の検出レベルを高くする必要があり、地絡電流検出感度を落とすことになるので保安上問題となる。コモンモード電圧（インバータ入力直流電圧）が印加された場合の高周波スイッチングの電流成分I_{gh}[A]は概略次式で求められる[4]。

$$I_{gh} = E_d \times \omega Cs / (1 - \omega^2 LCs) \quad \cdots\cdots\cdots\cdots\cdots\cdots (3\text{-}2)$$

ここにE_d：コモンモード電圧（直流電圧）、Cs：太陽電池の対地静電容量、L：PCSのコモンモードインダクタンスである。E_d=400V、L=1mHとし、スイッチング周波数（キャリア周波数）を14kHzとすると、Cs=1μFあたりではI_{gh}=5.2Aと大きな漏洩電流となる。

4．8　高周波絶縁方式PCS

漏電遮断器の誤動作対策として、変圧器を使用して商用電源と絶縁をとる方法がとられているが、変圧器を使用すると損失増加の問題やコスト、設置場所の問題がある。この対策として高周波で絶縁をとる方式が考えられている。図3-99に高周波絶縁方式の三相3線式PCS回路例を

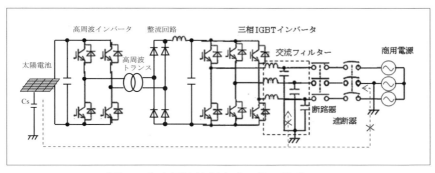

〔図3-99〕高周波絶縁方式三相3線式PCS

示す[4]。太陽電池からの出力電力を高周波インバータで一旦高周波の交流電力に変え、高周波トランスで絶縁をとって整流回路で再度直流電力に変換する。その後、これまでと同様に三相IGBTインバータを用いて商用電源と連系する。高周波トランスの挿入により太陽電池側と商用電源側の絶縁を取ることができる。先の商用周波の変圧器を適用するのに比べて高周波で変圧するので、トランスを小さくでき、設置スペースも小さくてすむ。しかしスイッチング素子を多く使うことになるのでPCSのコストが上がる。なおこの場合、損失を小さくするために、高周波特性のよい鉄心、たとえばフェライトなどの使用など、トランスの製作に工夫が必要となる。この方式によれば漏洩電流の問題は解決できる。

　一方、高圧の直流で使用する電気機器は、直流回路の地絡事故を検出することが好ましい。絶縁方式および非絶縁方式に共通する直流回路の地絡事故の検出方法例を、図3-100に示す。直流回路の正側母線と負側母線間に分圧抵抗Rgを接続して中間点を接地し、接地線に流れる電流を検出する。なお、Rgには常時電流が流れ損失を生じることになるので、抵抗値の選定には電流検出感度を考え選ぶことが重要である。他の方法として、交流フィルターの接地点にコンデンサCgを挿入して両端の電圧を検出し、異常電圧が検出された時に地絡と判断する方法がある。この場合、Csを入れることによって交流フィルターの周波数特性が変わ

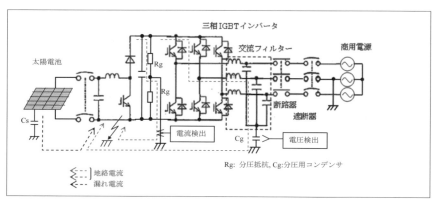

〔図3-100〕地絡電流の検出例

るので、設計時に注意が必要である。また、いずれの検出器にも太陽電池の浮遊容量 Cs を介した漏れ電流が流れ重畳されて検出される。

参考文献
1) H.Konishi, et.al.: "EVALUATION OF LARGE-SCALE POWER CODITIONER IN HOKUTO MEGA-SLOAR SYSTEM", 26th EU-PVSEC, Hamburg Germany (2011.9)
2) 小西博雄ほか 2 名:「太陽光発電用 PCS の電流型と電圧型の MPPT 制御動作の比較」, 平成 23 年電気学会 B 部門大会予稿 No.119, 福井大学文京キャンパス (2011.8-9)
3) 藤原ほか 5 名:「階調制御インバータ方式による高効率太陽光発電用パワーコンディショナー」, H21 年電気学会全国大会 予稿 No.4-056, 北海道大学高等教育機能開発総合センター (2009.3)
4) 松川満ほか 4 名:「分散接地方式太陽光発電システム (AC アレイシステム)」, 日新電機技報 Vol.44, No.3 (1999.10)

5．WT 用の PCS

現在、風力発電に使用されている発電機は交流発電機で、誘導発電機と同期発電機が採用される。誘導発電機は構造が単純なかご形と二次側の電力の調整が可能な巻線形があるが、いずれの種類も用いられている。
図 3-101 は、かご形誘導発電機を用いた風力発電システムを示したも

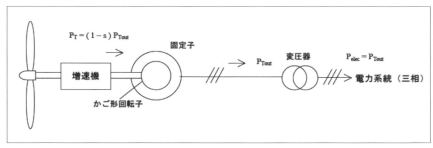

〔図 3-101〕かご形誘導発電機を用いた風力発電システムの構成

ので、図示のように変圧器を介して発電機の固定子巻線端子を直接交流電源に接続するだけでよく、電力変換装置は不要である。なお、図においてかご形誘導機のかわりに巻線形誘導機を採用してもよい。風車の回転速度は通常、毎分数～数十回転程度であるので、かご形回転子の回転速度が発電機の極数と交流電源側の周波数で決まる、同期速度以上（すべり $s<0$）で回転するように増速機により回転速度を大幅に増加させることが必要となる。図示のように風車からの入力パワー P_T に対して P_{TOUT} が出力されるが、P_T のうち $|s| \cdot P_{TOUT}$（すべり s に比例するため、すべり電力と呼ばれる）はかご形回転子の二次抵抗で消費されるので、一般に本方式はあまり高い効率は得られない。また、発電機出力は風速の変動に直接影響されることになるので、新規に採用されることはあまりない。

電力変換装置を用いて巻線形誘導発電機のすべり電力を制御できるようにした風力発電システムを図3-102に示す。このシステムは、かご形機では有効利用できなかった、すべり電力を積極的に利用する方式である。巻線形機ではすべり電力 $|s| \cdot P_{TOUT}$ を回転子に設置された二次巻線よりスリップリング／ブラシを通じて発電出力の一部として利用することが可能となる。図示のように回転子巻線に誘導される二次電力はMSC（Machine-Side Converter：発電機側コンバータ）で一旦直流に変換され、それをGSC（Grid-Side Converter：系統側コンバータ）により電力系統側の周波数の三相交流に変換して、固定子巻線の電力 P_{TOUT} と合流して電力系統側に送られる。増速機やコンバータ他の損失を無視すれば、

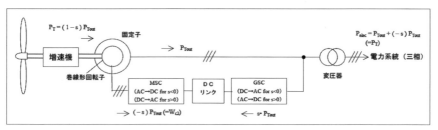

〔図3-102〕巻線形誘導発電機を用いた風力発電システムの構成

風車の軸出力はすべて電力に変換されて電力系統へ送られるので、高効率の発電が実現できる。

一般に、誘導発電機はすべり s<0 の領域で運転するが、図 3-102 のシステムは同期速度以下（s>0）でも動作させることができる。その場合は、固定子巻線の電力 P_{TOUT} の一部をすべり電力として利用し、二次巻線に供給する。つまり、GSC および MSC をそれぞれ整流回路、インバータとして使用して二次側の電力の方向が s<0 の場合と反対となるように動作させるのである。

このように、巻線形誘導機を利用すれば効率の良好な風力発電が実現できるが、かご形の場合より装置が複雑になる。電力変換装置 GSC および MSC の容量はすべり s に比例するので、これらの装置の設計に当たっては誘導機の速度変化範囲（すなわち、風車が設置されるサイトの風況）を考慮する必要がある。さらに、スリップリング／ブラシの機械的接触部分が不可欠になるので、保守に手数がかかる難点がある。

図 3-103 に 1500kW 巻線形誘導発電機を用いた風力発電システムの実測データの一例を示す。図は上から風速、風向、ピッチ角の変化、風車（ローター）および発電機の回転速度（min^{-1}）、発電機出力（kW）をそれぞれ示す。

発電機の出力は最大 1500kW で風速に応じて変動していることがわかる。さらに、発電機の同期速度は 1500（min^{-1}）であるので、回転速度の応答から、時間＝5〜6.6 分の間以外はすべり s<0 で、誘導機の二次側電力は MSC → GSC →電力系統の方向で送られること、一方、回転速度 < 1500（min^{-1}）では s>0 となるが、誘導機は発電機として動作していること（この期間における二次側の電力の方向は反転する）などがわかる。

次に、同期発電機を用いた風力発電システムの構成図を図 3-104 に示す。このシステムでは、風車の軸出力は直接、同期発電機 SG に伝達される。同期発電機 SG は永久磁石機、巻線界磁形機のいずれも使用されている。風車の回転速度は風速により変動するので、SG が発電する交流出力の周波数および電圧は大幅に変動することになる。そこで、SG

の出力を整流回路により一旦直流に変換し、それをインバータにより一定周波数、一定電圧の交流電力に変換したうえで電力系統に接続する。インバータはPWM制御の電圧形が採用されることが多いが、サイリスタを用いた電流形インバータを使用することも可能である。

　同期発電機を採用すると、一般に高効率が得られるだけでなく、巻線形誘導機の場合のように風車（発電機）の回転速度範囲に対する制約は

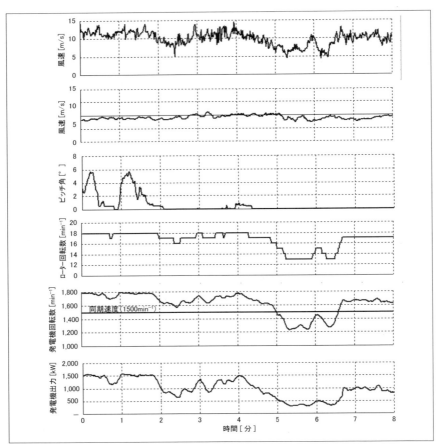

〔図3-103〕1500kW 巻線形誘導発電機を用いた風力発電システムの風車実測値
　　　　（提供：（株）明電舎）

なくなるので、風速が大幅に変化した場合に対しても動作させることができる。また、巻線形誘導機で必要な、スリップリング／ブラシにおける機械的しゅう動部分が不要で、なおかつ増速機は必ずしも使用しなくてもよいなどの利点がある。

風力発電では、風速により得られる出力電力が絶えず変動するので、風力発電機単独で負荷の要求する電力を任意に供給することはできない。そこで、風力と他のエネルギー源を併用して任意の電力を供給できるハイブリッド方式風力発電システムが提案されている。

図3-105は任意の電気出力を発生することのできるハイブリッド風力発電システムを示したものである。このシステムでは図3-104と同様に風力発電機WGとして同期発電機を使用しており、発電機の出力を整流したうえで電流形サイリスタインバータにより電力系統あるいは単独負荷に給電する方式である。図示の同期発電機SGは風力以外のエネル

〔図3-104〕同期発電機を用いた風力発電システムの構成

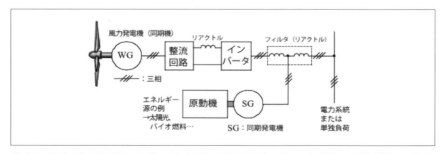

〔図3-105〕風力発電と他のエネルギー源を利用するハイブリッド発電システム

ギー源、たとえば太陽光やバイオ燃料などのエネルギーを基に回転する原動機により駆動し、負荷の要求する電力が風力による発生電力を上回る場合に、不足分の電力（有効分並びに無効分）をSGより随時供給する。また同時に、SGはインバータのサイリスタの転流に必要な無効電力を供給する。さらに、SGと、適切に設計された相互誘導のあるリアクトルとの組み合わせにより基本的にひずみのない出力電圧波形を得ることができる。

図3-106はプロペラ形3枚羽根風車を用いて図3-105のハイブリッド方式風力発電システムを構成し、実際にシステムを動作させた場合の実測データの一例を示したものである。風車としてSUBARU15/40（ハブ高さ21m、ローター直径15m）を用い、風力発電機は永久磁石同期発電機で、負荷は単独純抵抗負荷である。

図において上から、風速 v_{wind} [m/s]、システム各部の出力 [W]（システム全体の出力 P_{out}、風車出力 P_{WT}、同期発電機SGの出力 P_{SG}）、出力の線間電圧 V_{out} [V]、周波数 f_{out} [Hz] などの70秒間の応答波形を示す。また、インバータの出力端子並びに負荷端子の電圧瞬時波形を2周期示す。図は、システム出力 P_{out} を時間 t=30s で 4kW から 7kW に増加させ、t=55s で再び4kWに減少させた場合の諸量の応答を示しており、風車出力 P_{WT} は風速に応じて図示のように変動するが、発電機SGの出力 P_{SG} が自動的に供給されるので、負荷指令値の変化に従って出力 P_{out} が出力されることがわかる。また、出力電圧 V_{out} [V]、周波数 f_{out} [Hz] などは風速並びに負荷の変動によらず一定に制御されていることが明らかである。電圧波形については、インバータの出力端子電圧はサイリスタの転流時に電圧の陥没や跳躍が出現しているが、負荷端子の電圧波形に含まれる電圧ひずみはほとんどなく高品質な出力電圧が得られることが明らかである。

以上、主に大型の風力発電システムに採用されるPCSの方式を説明したが、出力が数百〜数kWクラスの小形風力発電システムでは保守が容易などのため主に永久磁石同期発電機が採用されるので、PCSは図3-104のような構成となる。

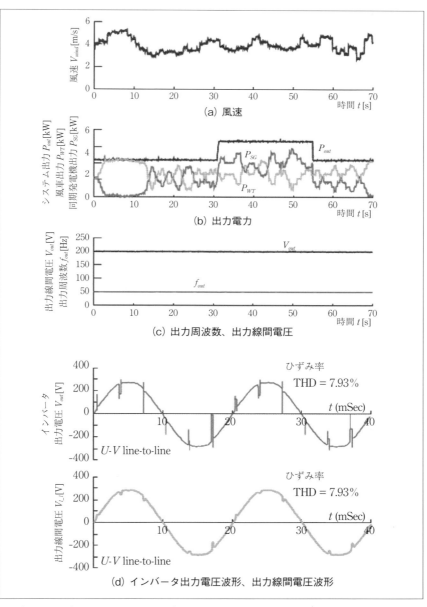

〔図 3-106〕図 3-105 のハイブリッド風力発電システムの実測データの例

著者紹介

合田　忠弘（ごうだ　ただひろ）

同志社大学　大学院理工学研究科　客員教授
1973年3月大阪大学工学研究科修士課程修了、1973年4月～三菱電機（株）、2006年4月～九州大学教授、2013年4月～同志社大学客員教授、現在に至る。工学博士。専門は、電力系統分野（保護、制御および系統解析）、マイクログリッドおよびスマートグリッド。電気学会会員。
三菱電機（株）に入社以来一貫して電力系統工学の分野に関連し系統解析技術を技術基盤として電力系統の保護装置や制御装置の開発製造に従事。1998年に日本電機工業会（JEMA）の技術専門委員会委員長に就任以来、分散型電源とネットワーク型電源の協調による次世代電力システムの開発に従事し、NEDOの八戸マイクログリッド等の国内外の実証試験システムを構築。現在は日本工業標準調査会の第二部会委員及びスマートグリッド技術専門委員会委員長としてマイクログリッドやスマートグリッドの国際標準作りを担当。

庄山　正仁（しょうやま　まさひと）

九州大学　大学院システム情報科学研究院　電気システム工学部門　教授
1981年九州大学工学部電気工学科卒業。1986年同大学大学院工学研究科博士課程修了。同年同大学助手、助教授、准教授を経て、2010年九州大学大学院システム情報科学研究院教授、現在に至る。工学博士。専門は、パワーエレクトロニクス、スイッチング電源、EMC。電気学会、電子情報通信学会、IEEE 各会員。
最近の研究課題としては、スイッチング電源の小形・軽量・高効率化、インバータやパワーコンディショナのノイズ解析と対策、ディジタル制御、双方向DC-DCコンバータを活用した再生可能エネルギー用直流電源システム、ワイヤレス電力伝送などの研究を行っています。「工夫は、楽しい、面白い、役に立つ」をモットーに、研究テーマを考えています。この本が、皆様のお役に立てることを願っております。

＊＊＊

安芸　裕久（あき　ひろひさ）
産業技術総合研究所
1996年大阪大学大学院修士課程修了、2001年まで三菱重工業（株）にてプラントエンジニアリング業務に従事。2002年横浜国立大学大学院博士後期課程修了、産業技術総合研究所入所、現在、エネルギーシステム戦略グループ主任研究員。2008年米国ローレンスバークレー国立研究所客員研究員。主に分散型エネルギーネットワークに関する研究に従事。専門はエネルギーシステム工学。博士（工学）。

伊瀬　敏史（いせ　としふみ）
大阪大学　大学院工学研究科　電気電子情報工学専攻　教授
1980年大阪大学工学部電気工学科卒業。1986年大阪大学大学院工学研究科博士後期課程修了。同年4月国立奈良工業高等専門学校勤務、1990年7月より大阪大学工学部電気工学科勤務。講師、助教授を経て2002年8月、大阪大学大学院工学研究科電気工学専攻教授、現在に至る。パワーエレクトロニクスと超伝導の電力応用に関する研究に従事。工学博士。電気学会フェロー、IEEE、パワーエレクトロニクス学会、低温工学・超電導学会会員。

市川　紀充（いちかわ　のりみつ）
工学院大学　工学部　電気システム工学科　准教授
1978年2月生。2005年3月東京農工大学大学院博士（後期）課程単位修得満期退学。博士（工学）。2004年4月（独）日本学術振興会特別研究員。2005年4月（独）産業安全研究所（現、労働安全衛生総合研究所）入所（研究員）。2009年4月工学院大学電気システム工学科講師。2012年4月同大学准教授。専門は、電気安全（感電、放電・静電気）、EMC、ビル電気システム。電気設備学会、電気学会、静電気学会、IEEE、各会員。

江口　政樹（えぐち　まさき）
シャープ株式会社
1988年京都工芸繊維大学大学院工芸学研究科電気工学専攻（修士課程）修了。同年シャープ（株）入社。現在同社、エネルギーソリューション事業推進センターにて、太陽光発電システムおよび蓄電システム用の系統連系インバータの開発に従事。電気学会上級会員、電子情報通信学会、パワーエレクトロニクス学会会員。

著者紹介

大村　一郎（おおむら　いちろう）
九州工業大学　大学院工学研究院電気電子工学研究系　教授
1987年大阪大学大学院理学研究科博士前期修了。1987年（株）東芝研究開発センター（当時総合研究所）入社。高耐圧IGBTとパワー半導体の研究に従事。1996年～1998年スイス連邦工科大学客員研究員。1999年（株）東芝セミコンダクター社。高耐圧IGBT、次世代パワー半導体（GaN, SJMOS）の開発・研究に従事。2001年スイス連邦工科大学。工学博士。2008年九州工業大学大学院工学研究院電気電子工学研究系教授就任。2012年九州工業大学次世代パワーエレクトロニクス研究センターセンター長併任、現在に至る。次世代の高電圧シリコンパワーデバイス（IGBT）の研究ならびにその応用システム、高信頼化、制御の高度化について研究を進めている。

門　勇一（かど　ゆういち）
京都工芸繊維大学　電気電子工学系　教授
1983年東北大学大学院工学研究科修士課程修了、同年日本電信電話公社厚木電気通信研究所、1990年日本電信電話（株）LSI研究所主任研究員、1996年同主幹研究員、2003年日本電信電話（株）マイクロシステムインテグレーション研究所スマートデバイス研究部長、2006年同理事、2010年京都工芸繊維大学大学院工芸科学研究科電子システム工学部門教授、2012年法政大学大学院理工学研究科応用情報工学専攻兼任講師、2014年（社）新世代パワーエレクトロニクス・システム研究コンソーシアム（NPERC-J）理事。専門は、通信・ネットワーク、電力変換・電気機器。IEEE、電子情報通信学会、各会員。電力網のネットワーク化に向けた基本要素としてSiCやGaN素子を用いたY字電力ルータ（3ポート電力ルータ）の研究開発を進めている。この基本要素を用いて、レジリエンス、安全・信頼性、システム制御、通信・ネットワーク、電力工学等の工学分野を横断的に取り込み、従来「想定外」とされた状況下で、システムが限りなく正常に近いレベルで機能する頑健性・強固性・柔軟性を兼備するシステムの実現を目指している。

栗原　郁夫（くりはら　いくお）
電力中央研究所
1982年東京大学大学院電気工学専門課程博士課程修了。同年（財）電力中央研究所入所、1986年～1987年アメリカ合衆国テキサス大学アーリントン校客員研究員、2008年～2013年電力中央研究所システム技術研究所所長、2013年～（一財）電力中央研究所主席研究員。主として電力システムの計画・運用技術に関する研究に従事。2008年6月～2010年5月電気学会電力・エネルギー部門部門長、2012年6月～2013年5月電気学会電力調査理事、2013年6月～2014年5月電気学会研究調査副会長。1992年、1998年、2005年電気学会論文賞受賞。

河野　良之（こうの　よしゆき）
　三菱電機株式会社
　1981年3月神戸大学大学院電気・電子専攻修士課程修了。同年4月三菱電機（株）入社。現在、系統変電システム製作所系統変電エンジニアリング統括センターに所属、おもに系統解析技術および系統・パワエレ制御に関する業務に従事。博士（工学）。IEEE、CIGRE会員。

小西　博雄（こにし　ひろお）
　産業技術総合研究所　福島再生可能エネルギー研究所
　昭和47年3月大阪大学大学院工学研究科電気工学専攻修士課程修了。同年4月（株）日立製作所日立研究所入所。平成18年11月（株）NTTファシリティーズエネルギー事業本部勤務。平成26年10月から産総研福島再生可能エネルギー研究所勤務。大型PCSグローバル認証事業に従事。電気学会学術振興賞論文賞受賞を平成23年ほか4回受賞。平成24年電気学会学術振興賞進歩賞受賞。工学博士（1989年大阪大学工学部電気工学科）。電気学会フェロー。

佐藤　之彦（さとう　ゆきひこ）
　千葉大学　大学院工学研究科　教授
　1988年3月東京工業大学大学院理工学研究科電気・電子工学専攻修士課程修了。同年4月同大学工学部助手、1996年同助教授、2001年千葉大学工学部助教授、2004年同教授、現在に至る。専門は、半導体電力変換回路。電気学会、パワーエレクトロニクス学会、IEEE、日本工学教育協会、各会員。

新保　哲彦（しんぽ　てつひこ）
　（株）ハセテック　技術顧問
　日本ケミコン、太陽誘電にてスイッチング電源、部品の開発に従事し、1989年からは北米にて、カスタム電源の設計、製造、制御ICの開発に従事した。帰国後は2009年よりハセテックにてEV急速充電器、超急速充電器、非接触給電充電器等の開発に従事。専門は電力変換制御技術、ノイズ対策技術等。

著者紹介

高崎　昌洋（たかさき　まさひろ）
元東京理科大学　工学部　教授
1983年3月東京大学大学院工学系研究科電気工学専攻修士課程修了、1983年4月〜2013年3月電力中央研究所システム技術研究所。2004年10月〜2013年3月東京大学大学院新領域創成科学研究科客員教授。2013年4月〜2013年8月東京理科大学工学部教授。2013年8月逝去。工学博士。専門は、電力系統工学、パワーエレクトロニクス応用工学。電気学会、IEEE、CIGRE、各会員。一貫してパワーエレクトロニクスの電力系統への適用技術、およびこれに係る解析・制御に関する研究に取り組んできた。他励式直流送電に関しては、解析技術や制御技術の開発を行い、国内実プロジェクトの計画・運用に貢献してきた。自励式変換器を応用した直流送電・FACTSに関しても、最先端の解析技術・制御技術を構築した。近年では、トランスレス化やSiCデバイス適用に関する高効率コンパクト変換器の開発研究を推進していた。以上に加え、電力系統の安定度解析、安定化制御技術の研究に幅広く取り組んできた。

附田　正則（つくだ　まさのり）
北九州市環境エレクトロニクス研究所
1991年（株）東芝研究開発センター（当時総合研究所）入社、高耐圧IGBTと高耐圧ダイオードの研究・開発に従事。1995年芝浦工業大学工学部電気工学科二部入学、1999年卒業。1999年（株）東芝セミコンダクター社、高耐圧IGBT、高耐圧ダイオード、次世代パワー半導体の研究・開発に従事。2010年アジア成長研究所（当時国際東アジア研究センター）一般研究員。2010年九州工業大学大学院工学府博士後期課程電気電子工学専攻入学。2013年修了。2013年アジア成長研究所上級研究員。2014年九州工業大学次世代パワーエレクトロニクス研究センター客員准教授就任。2015年北九州市産業経済局産業振興部新産業振興課上級研究員。2015年北九州市環境エレクトロニクス研究所主任研究員、現在に至る。次世代の高耐圧シリコンパワーデバイスの高性能化ならびに高信頼化の研究を進めている。

天満　耕司（てんま　こうじ）
三菱電機株式会社
1994年3月同志社大学工学部電気工学科卒業。同年4月三菱電機（株）入社。系統変電システム製作所系統変電エンジニアリング統括センター電力系統技術課所属。電力系統解析およびパワーエレクトロニクスに関する業務に従事。博士（工学）。2010年電気学術振興賞進歩賞受賞。IEEE、CIGREおよびパワーエレクトロニクス学会会員。

西方　正司（にしかた　しょうじ）
東京電機大学　工学部　教授
1975年東京電機大学大学院修士課程修了。同年、東京工業大学助手。1984年工学博士（東京工業大学）。同年東京電機大学工学部専任講師、その後、助教授を経て1992年教授、現在に至る。専門は電気機器工学、パワーエレクトロニクス。無整流子電動機ドライブシステムの過渡特性、軸発電システム、風力発電システムなどに関する研究に従事。電気学会、IEEE、風力エネルギー学会等に所属。

廣瀬　圭一（ひろせ　けいいち）
株式会社NTTファシリティーズ　エネルギー事業本部　技術部長
平成4年4月、NTT入社後、ネットワーク開発部、通信エネルギー研究所を経て、平成26年4月より現職、博士（工学）。通信用電源システム、直流給電、マイクログリッド等の研究開発に従事。電気学会（上級会員）、電気設備学会、電子情報通信学会、IEEEなど会員。平成22年電気学会論文賞、平成25年エネルギー・資源学会賞、平成25年電気設備学会論文賞、平成26年電気設備学会星野賞、平成26年渋澤賞等受賞。

藤田　敬喜（ふじた　けいき）
三菱電機株式会社　神戸製作所　交通システム部
1975年三菱電機入社、2011年三菱電機交通事業部交通システム推進部主席技師長、2014年三菱電機神戸製作所交通システム部主席技師長、鉄道用電力供給システムを核に鉄道エネルギー・環境ソリューションを推進している。電車がブレーキをかけた際に発生する回生電力は昼夜発電する鉄道固有の再生可能エネルギー、電車間で融通できなかった余剰回生電力の有効活用の拡大に取り組んでいる。電気学会会員。

舟木　剛（ふなき　つよし）
大阪大学　大学院工学研究科
平成3年大阪大学工学部電気工学科卒業。平成5年大阪大学大学院工学研究科電気工学専攻博士前期課程修了。平成6年大阪大学大学院工学研究科電気工学専攻博士後期課程退学。平成12年9月博士（工学）（大阪大学）。平成6年大阪大学助手、平成13年大阪大学講師、平成14年京都大学助教授、平成20年大阪大学教授。
専門は、パワー半導体のモデリング・実装、電力変換回路の動作解析と制御、電力変換回路のEMC設計・評価、直流送電による電力系統制御や電力・エネルギーシステムの安定性解析と最適設計など。電気学会、電子情報通信学会、システム制御情報学会、エネルギー・資源学会、日本大気電気学会、IEEE、各会員。

著者紹介

松田　秀雄（まつだ　ひでお）
　元（株）ハセテック
　（株）東芝個別半導体事業部にて SCR、GTO、IEGT などのハイパワー半導体デバイスの応用技術およびデバイス開発に従事した。(株)東芝ディスクリートテクノロジーを経て 2006 年より（株）ハセテックにて電源装置開発技術に従事。デバイス技術を装置開発に生かし信頼性向上に注力。2014 年より顧問。専門は大電力半導体デバイスの設計開発と応用評価。電気学会会員。

水垣　桂子（みずがき　けいこ）
　産業技術総合研究所　地圏資源環境研究部門
　1986 年、名古屋大学大学院理学研究科（地球科学専攻）博士前期課程中退、通商産業省工業技術院地質調査所入所、地殻熱部に配属。2001 年、独立行政法人産業技術総合研究所に改組、地圏資源環境研究部門に配属。博士（理学）。専門は地質学。所属学会は、日本地質学会、日本地熱学会、日本火山学会。

諸住　哲（もろずみ　さとし）
　新エネルギー・産業技術総合開発機構　スマートコミュニティ部　統括研究員
　1958（昭和 33）年 2 月 26 日、北海道札幌市生まれ。昭和 60 年 3 月北海道大学大学院工学研究科博士課程修了。昭和 61 年 4 月（株）三菱総合研究所入社、電力需給問題、供給信頼度分析、DSM、電力市場、新エネルギー系統連系問題、電力貯蔵技術、マイクログリッドなどの調査、開発に従事。平成 18 年 4 月より NEDO 技術開発機構出向、新エネルギー技術開発部主任研究員に着任。平成 22 年 4 月 NEDO に転籍。平成 22 年 7 月より現職。専門は電力システム、再生可能エネルギー、電力貯蔵など。電気学会、電気設備学会、火力原子力発電協会会員。

設計技術シリーズ【ノイズ対策／EMI 設計】

電磁ノイズ発生メカニズムと克服法

月刊 EMC 編集部　監修

●ISBN 978-4-904774-31-1

- 第 1 章　電子機器の発生するノイズとその発生メカニズム
- 第 2 章　ノイズ対策のための計測技術
- 第 3 章　ノイズ対策のためのシミュレーション技術
- 第 4 章　電子機器におけるノイズ対策手法
- 第 5 章　静電気 帯電人体からの静電気放電とその本質
- 第 6 章　電波暗室とアンテナ EMI 測定における試験場所とアンテナ
- 第 7 章　シールド 電磁波から守るシールドの基礎
- 第 8 章　イミュニティ向上 機器のイミュニティ試験の概要
- 第 9 章　電波吸収体 電磁波から守る電波吸収体の基礎
- 第10章　フィルタ フィルタの動作原理と使用方法
- 第11章　伝導ノイズ 電源高調波と電圧サージ
- 第12章　パワエレ パワーエレクトロニクスにおける EMC の勘どころ

本体 3,600 円＋税

電磁障害／EMI 対策設計法

坂本 幸夫　監修

●ISBN 978-4-904774-30-4

- 第 1 編　総論
- 第 2 編　対策部品の効果の表わし方
- 第 3 編　ノイズ対策の手法と対策部品(1)：ローパス型 EMI フィルタによるノイズ対策
- 第 4 編　ノイズ対策の手法と対策部品(2)：ローパス型 EMI フィルタのコンデンサ
- 第 5 編　ノイズ対策の手法と対策部品(3)：ローパス型 EMI フィルタのインダクタ
- 第 6 編　ノイズ対策の手法と対策部品(4)：コモンモードノイズの対策
- 第 7 編　ノイズ対策の手法と対策部品(5)：インパルス性ノイズの対策
- 第 8 編　ノイズ対策の手法と対策部品(6)：コンデンサで行う電源ラインのノイズ対策
- 第 9 編　ノイズ対策の手法と対策部品(7)：共振防止対策部品によるノイズ対策
- 第10編　ノイズ対策の手法と対策部品(8)：対策部品で行う平衡伝送路のノイズ対策

本体 2,800 円＋税

軟磁性材料のノイズ抑制設計法

平塚 信之　監修

●ISBN 978-4-904774-34-2

- 第 1 章　ノイズ抑制に関する基礎理論
- 第 2 章　ノイズ抑制用軟磁性材料
- 第 3 章　ノイズ抑制磁性部品の IEC 規制
- 第 4 章　ノイズ抑制用軟磁性材料の応用技術

本体 2,800 円＋税

発行／科学情報出版（株）

設計技術シリーズ【ノイズ対策／EMI 設計】

初めて学ぶ 電磁遮へい講座

兵庫県立大学 畠山 賢一／広島大学 蔦岡 孝則／日本大学 三枝 健二　著
● ISBN 978-4-904774-08-3

第1章　電磁遮へい技術の概要
第2章　伝送線路と電磁遮へい
第3章　遠方界と近傍界の遮へい
第4章　遮へい材料とその応用
第5章　導波管の遮断状態を利用する電磁遮へい
第6章　開口部の遮へい
第7章　遮へい材料評価法
第8章　遮へい技術の現状と課題

本体 3,300 円＋税

EMC 原理と技術

東北大学名誉教授　髙木 相　監修
● ISBN 978-4-904774-29-8

序文
I. 総論
II. 線路
III. プリント配線板
IV. 放電（電気接点と静電気）
V. 電波
VI. 生体と EMC

本体 3,600 円＋税

計測・制御及び試験室用 電気装置のEMC要求事項解説

拓殖大学　澁谷 昇　監修
● ISBN 978-4-904774-19-9

第1章　はじめに：IEC 61326 シリーズの変遷
第2章　第1部：一般要求事項
第3章　第2-1部：個別要求−EMC 防護が施されていない感受性の高い試験及び測定装置の試験配置、動作条件及び性能評価基準
第4章　第2-2部：個別要求項−低電圧配電システムで使用する可搬形試験、測定及びモニタ装置の試験配置、動作条件及び性能評価基準
第5章　第2-3部：個別要求項−一体形又は分離形のシグナルコンディショナ付きトランスデューサの試験配置、動作条件、性能評価基準
第6章　第2-4部：IEC 61557-8 に従う絶縁監視機器及び IEC 61557-9 に従う絶縁故障場所検出用装置の試験配置、動作条件及び性能評価基準
第7章　第2-5部：個別要求項−IEC 61784-1 に従ったフィールドバス機器の試験及び測定装置の試験配置、動作条件及び性能評価基準
第8章　第2-6部：個別要求項−体外診断用医療機器
第9章　第3-1部：機能安全遂行装置のEMC 関連規格の概要と改訂への動き
第10章　第3-2部：安全関連システム及び安全関連機能遂行装置に対するイミュニティ要求事項−特定の電磁環境にある一般工業用途

本体 2,800 円＋税

発行／科学情報出版（株）

設計技術シリーズ
再生可能エネルギーにおける
コンバータ原理と設計法

2016年5月8日　初版発行

監修	合田　忠弘／庄山　正仁	©2016
発行者	松塚　晃医	
発行所	科学情報出版株式会社	
	〒300-2622　茨城県つくば市要443-14	
	電話　029-877-0022	
	http://www.it-book.co.jp/	

ISBN 978-4-904774-44-1　C2054
※転写・転載・電子化は厳禁